中等职业教育课程改革国家规划新教材
全国中等职业教育教材审定委员会审定

土木工程力学基础

(多学时)

胡兴福　主编

刘文白　
罗　奕　主审

中国建筑工业出版社

图书在版编目（CIP）数据

土木工程力学基础（多学时）/胡兴福主编.—北京：中国建筑工业出版社，2010(2023.9重印)
中等职业教育课程改革国家规划新教材.全国中等职业教育教材审定委员会审定
ISBN 978-7-112-11903-5

Ⅰ.土… Ⅱ.胡… Ⅲ.土木工程—工程力学—专业学校—教材 Ⅳ.TU311

中国版本图书馆CIP数据核字（2010）第044422号

本书依据教育部《中等职业学校土木工程力学基础(土木、水利施工类)教学大纲》编写。书中通过身边的事例和工程中的简单实例引入力学知识，讲述的知识紧密联系工程实践，并总结出有规律性的结论和解题方法。单元结尾设置了"工程中的应用"和"活动"部分，引导学生用所学知识去解决工程中的实际问题。本书主要内容有：力和受力图，平面力系的平衡，直杆轴向拉伸和压缩，直梁弯曲，受压构件的稳定性和工程中常见结构简介等。

* * *

责任编辑：朱首明 李 明
责任设计：赵明霞
责任校对：兰曼利 王雪竹

中等职业教育课程改革国家规划新教材
全国中等职业教育教材审定委员会审定

土木工程力学基础
（多学时）

胡兴福 主编

刘文白
罗 奕 主审

*

中国建筑工业出版社出版、发行（北京西郊百万庄）
各地新华书店、建筑书店经销
北京嘉泰利德公司制版
廊坊市海涛印刷有限公司印刷

*

开本：787×1092毫米 1/16 印张：9 字数：224千字
2010年7月第一版 2023年9月第五次印刷
定价：18.00元
ISBN 978-7-112-11903-5
(19164)

版权所有 翻印必究
如有印装质量问题，可寄本社退换
（邮政编码100037）

中等职业教育课程改革国家规划新教材
出版说明

为贯彻《国务院关于大力发展职业教育的决定》(国发〔2005〕35号)精神,落实《教育部关于进一步深化中等职业教育教学改革的若干意见》(教职成〔2008〕8号)关于"加强中等职业教育教材建设,保证教学资源基本质量"的要求,确保新一轮中等职业教育教学改革顺利进行,全面提高教育教学质量,保证高质量教材进课堂,教育部对中等职业学校德育课、文化基础课等必修课程和部分大类专业基础课教材进行了统一规划并组织编写,从2009年秋季学期起,国家规划新教材将陆续提供给全国中等职业学校选用。

国家规划新教材是根据教育部最新发布的德育课程、文化基础课程和部分大类专业基础课程的教学大纲编写,并经全国中等职业教育教材审定委员会审定通过的。新教材紧紧围绕中等职业教育的培养目标,遵循职业教育教学规律,从满足经济社会发展对高素质劳动者和技能型人才的需要出发,在课程结构、教学内容、教学方法等方面进行了新的探索与改革创新,对于提高新时期中等职业学校学生的思想道德水平、科学文化素养和职业能力,促进中等职业教育深化教学改革,提高教育教学质量将起到积极的推动作用。

希望各地、各中等职业学校积极推广和选用国家规划新教材,并在使用过程中,注意总结经验,及时提出修改意见和建议,使之不断完善和提高。

教育部职业教育与成人教育司
2010年6月

前　言

本书是专为中等职业学校土木、水利施工等专业学生而编写的。本书依据教育部中等职业学校土木工程力学基础(土木、水利施工类)教学大纲编写，力求体现中等职业学校教学改革的特点，强调由浅入深地讲授知识，突出教材的针对性、适用性和实用性。

本书的内容编排别具特色。单元开始，我们通过身边的事例和工程中的简单实例引入要讲述的力学知识，使学生在开始学习前就对将要学习的知识有了一个感性的认识。单元中，讲述的知识尽可能地紧密联系现实生活和工程实践，及时总结有规律性的结论和解题方法，并通过例题加强学生对重要知识点的理解和掌握。单元结尾设置了"工程中的应用"部分，引导学生用学到的知识去解决工程实践中的真实问题。单元中还设置了【想一想】和【小资料】：【想一想】既是对本阶段知识点的总结概括，又可以引导学生从理论走近工程；【小资料】中有的是对知识点的有益补充，有的则是与课文有关的趣味性阅读，希望可以增强学生学习的兴趣。单元末设置了【思考】、【练习】，帮助同学们巩固学习到的知识。最后又精心设计了【活动】栏目，让同学们在亲自动手做的过程中加深对力学知识的理解。

本书的版式编排也别具特色。书中采用了双栏编排，主栏中是教材的正文部分，讲述了按照大纲要求学生必须要掌握的知识，为了配合文字讲述，我们把一部分插图放在侧栏，力求做到让同学们一边读文字，一边看插图，避免了图文结合的不紧密。书中插图采用双色描绘，把物体、作用力和约束方式用色彩区分开来，方便学生在学习过程的对相关知识归纳和总结。所有这些设计与安排，都是想让学生感到力学就在我们身边，帮助他们树立学好力学的信心与决心。

本书由胡兴福教授担任主编，周学军高级讲师担任副主编，刘文白、罗奕主审。具体编写分工如下：四川建筑职业技术学院胡兴福教授编写单元1、单元2；广州市土地房产管理学校吕宋樱子高级讲师编写单元3；攀枝花建筑工程学校陈晓林高级讲师编写单元4；上海市建筑工程学校周学军高级讲师编写单元5、单元6；抚顺市建筑工业学校万静副教授编写单元7。

限于作者水平，书中难免存在不足之处，欢迎广大读者批评指正。

编者

2010年2月

目 录

- **单元 1　绪言** ·· 1
- **单元 2　力和受力图** ·· 3
  - 2.1　力的基础知识 ·· 3
  - 2.2　静力学公理 ·· 5
  - 2.3　约束与约束反力 ·· 7
  - 2.4　受力图的绘制 ·· 10
  - 思考 ·· 12
  - 练习 ·· 12

- **单元 3　平面力系的平衡** ·································· 13
  - 3.1　力在直角坐标轴上的投影 ························ 13
  - 3.2　平面汇交力系的平衡 ································ 16
  - 3.3　力矩 ·· 19
  - *3.4　力偶 ·· 21
  - 3.5　平面一般力系的平衡 ································ 24
  - 3.6　工程中的应用 ·· 36
  - 思考 ·· 37
  - 练习 ·· 38
  - 活动 ·· 41

- **单元 4　直杆轴向拉伸和压缩** ·························· 43
  - 4.1　杆件变形的基本形式 ································ 43
  - 4.2　直杆轴向拉、压横截面上的内力 ············ 46
  - 4.3　直杆轴向拉、压的正应力 ························ 51
  - 4.4　直杆轴向拉、压的强度计算 ···················· 54
  - *4.5　直杆轴向拉、压的变形 ·························· 58
  - 4.6　工程中的应用 ·· 63
  - 思考 ·· 67
  - 练习 ·· 67
  - 活动 ·· 68

单元 5　直梁弯曲　69

5.1　梁的形式　69
5.2　梁的内力　71
5.3　梁的内力图　79
5.4　梁的正应力及其强度条件　85
5.5　梁的变形　91
5.6　工程中的应用　94
思考　100
练习　101
活动　103

单元 6　受压构件的稳定性　104

6.1　受压构件平衡状态的稳定性　104
6.2　影响受压构件稳定性的因素　106
6.3　工程中的应用　110
思考　114
活动　114

单元 7　工程中常见结构简介　115

7.1　平面结构的几何组成分析　115
7.2　工程中常见静定结构简介　120
7.3　工程中常见超静定结构简介　130
思考　134
练习　134
活动　135

主要参考文献　136

单元 1 绪言

在初中物理课中，我们已经学习了一些力学的基本知识，本课程中，我们将学习力学知识在建筑中的应用。

建筑的发展经历了一个漫长的历程。最初，人们模仿自然界中的天然结构，建造了房屋和桥梁等简单结构，用来躲避野兽和自然灾害的侵扰。随着时间的推移，人们积累了越来越多的经验，在漫长的历史长河中，创造出许许多多辉煌的古代建筑，如埃及的金字塔（图 1-1），中国的万里长城、赵州桥、故宫（图 1-2）等等。这些结构中隐含有力学的知识，但这个时期力学还没有形成一门学科。随着工业的发展，人们开始设计各种大规模的工程结构，这些结构设计复杂，需要精确的分析和计算。这时候，工程结构的分析理论和分析方法开始逐步独立出来，19 世纪中叶，土木工程力学开始成为一门独立的学科。时至今日，土木工程力学已经成为土木工程中不可或缺的一门重要工具，指导着土木工程中从设计到施工全过程的工作。

图 1-1 金字塔

土木工程力学的分析对象是结构。在土木工程中，结构就是指由梁、板、柱、墙等构件组成的骨架体系。

房屋为什么可以承受荷载而屹立不倒呢？

梁、板、柱、墙这些基本构件通过一定的方式相互连接在一起构成了房屋的骨架——结构，在外荷载的作用下，结构为房屋提供了抵抗外荷载作用的抗力。外荷载使结构构件中产生应力、应变和位移，当保持在构件的所能承受的强度和变形范围内时，结构处于平衡状态，此时的房屋屹立不倒。当超出这个范围时，房屋就会发生破坏。

图 1-2 故宫

土木工程力学就是分析结构受力和传力的规律，以及如何进行结构优化的科学。人们通过合理的假设，把真实建筑简化成便于计算的力学模型（图 1-3），分析在载荷作用下结构的效应，进而进行结构的承载能力计算。

本课程中我们将学习土木工程力学的基本知识。通过学习，初步具备对土木工程简单结构和基本构件进行受力分析的能力；能运用平衡方程解决基本构件的平衡问题；能绘制直杆轴向拉伸、压缩内力图和直梁弯曲内力图；具备利用正应力强度条件进行直杆拉伸、压缩及直梁弯曲强度校核的基本计算能力；了解受压构件的稳定性问题及土木工程简单结构的内力特点。最终实现能对土木工程简单结构、基本构件进行简化绘制相应计算简图，用

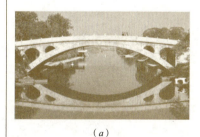

图 1-3 赵州桥力学模型简化
(a) 赵州桥；(b) 力学模型

力学知识分析、解决工程和生活中简单力学问题的目标。

土木工程力学是一门古老的学科，同时又是一门迅速发展的学科。新型工程材料和新型工程结构的不断涌现，向土木工程力学提出了更高的要求。

对于土木工程专业学生来说，土木工程力学是一门非常重要的基础课程，是工具课，在后续的专业课中会用到大量的力学知识。同时，土木工程力学又是一门很抽象的课程，要学好它就要付出更多的努力。在这里给广大同学提几点建议：

1. 勤于思考。生活中无处不存在着力学的身影，试着在身边找出印证课本上知识的例子，我相信只要用心你就一定不会失望。

2. 理论联系工程实际。力学模型中把真实的建筑简化成抽象的力学模型，对照真实的建筑，你能想明白这样简化的道理吗？课本的理论多来源于实践，并广泛应用于工程实践中，注意观察生活，观察工程实际，做到理论联系工程实际并不像你想象的那么难。

3. 培养综合分析的能力，善于抓住重点。整体结构是由很多构件组合而成的，但制约着结构承载能力的往往是单一的构件；我们要培养综合分析的能力，善于从整体中找出起控制作用的重点构件，这样做可以让你事半功倍。

4. 定性分析很重要。现代建筑越来越复杂，想要通过手算进行整体结构受力、传力的定量分析基本是不可能的，更多的是依靠计算机来计算。然而计算机也不是万能的，定性的分析判断可以为我们的实际工作提供很大帮助。

通过用心学习，相信大家一定能够学好土木工程力学，也一定会喜欢这门课程。

单元2　力和受力图

什么是力呢？力在我们的日常生活中无处不在。

人推小车，小车由静到动，人感到肌肉紧张，这是因为人对小车施加了一个推力，使小车的**运动状态发生了变化**（图2-1）。

用手拉弹簧，弹簧发生伸长变形，人感到肌肉紧张，这是因为人对弹簧施加了一个拉力，使弹簧**发生了变形**（图2-1）。

力的作用不仅存在于人与物体之间，也存在于物体与物体之间。例如，桥梁在车辆经过时，会因车辆的作用力而发生振颤和弯曲变形；水库蓄水后，大坝会因水的推力而产生向下游滑动或倾覆的趋势。2009年6月27日，上海一在建13层住宅楼整体倒塌，也是因为力的作用。

在本单元中，我们将通过学习解决以下问题：
> 如何用物理学的语言来定义力的概念？
> 静力学公理有哪些？
> 什么是约束与约束反力？
> 怎样进行物体的受力分析并绘制受力图？

2.1　力的基础知识

理解力的概念和力的两种作用效应，了解力的三要素，了解力的分类。

2.1.1　力的概念

力是物体之间的机械作用，这种作用将使物体的运动状态发生改变，或使物体发生变形。

由定义中可以看出，力有两种作用效应：使物体的运动状态发生改变的效应称为力的外效应或运动效应；使物体发生变形的效应称为力的内效应或变形效应。

力是物体与物体之间的相互作用，因此力不能脱离物体而单独存在。某一物体受到力的作用时，一定有另一物体对它施加这种作用。前者称为受力物体，后者称为施力物体。在分析物体受力情况时，要分清哪个是受力物体，哪个是施力

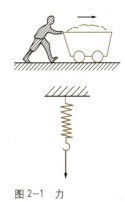

图2-1　力

【小资料】

2009年6月27日，上海一在建13层住宅楼整体倒塌（图2-2），倾倒过程不到半分钟。据调查，该事故是由于楼房两侧压力差造成的。事发楼房附近有过两次堆土施工：第一次堆土施工发生在事故半年前，堆土距离楼房约20m，第二次堆土施工发生在事故一周前，土方紧贴建筑物堆积在楼房北侧。土方在短时间内快速堆积，产生了3000t左右的侧向力。加之楼房前方由于开挖基坑出现凌空面，侧向力导致预应力高强混凝土桩基础破坏，引起楼房整体倒覆。

图2-2　上海楼房倒塌事故

想一想：
力的两种作用效应是什么？

3

物体。

在土木工程力学中,力的作用方式一般有两种情况:一种是两物体相互接触时,它们之间相互产生拉力或压力;另一种是物体与地球之间产生的吸引力,也就是重力。

2.1.2 力的三要素

实践证明,力对物体的作用效应取决于力的三个因素:大小、方向和作用点。

力的大小、方向和作用点通常称为力的三要素。

由此可见,力是一个既有大小又有方向的物理量,由我们学过的数学知识可知,这种物理量称为矢量。

用图示的方法表示力时,须用一段带箭头的线段来表示,线段的长度表示力的大小;线段与某定直线的夹角表示方位,箭头表示力的指向;线段的起点或终点表示力的作用点(图2-3)。

用字母符号表示力矢量时,通常用黑体字母(如 $\boldsymbol{F}$ 等),手写时可用加一横线的字母(如 $\overline{F}$ 等),而普通字母(如 F 等)只表示力的大小。

描述一个力时,要说明力的三要素,三要素任何一要素发生改变都会改变力对物体的效应。

力的单位为牛(N)或千牛(kN)。

$$1 千牛(kN)=1000 牛(N)。$$

2.1.3 力的分类

物体所受到的力可以分为两类:一类是使物体运动或使物体有运动趋势的力,称为主动力;一类是对物体的运动起限制作用的力,称为约束反力。**主动力和约束反力统称外力。**

主动力在工程上称为荷载。如果荷载作用面积相对于物体总面积是微小的,就可近似的看成一个点,这样的荷载称为集中荷载。分布在一定面积或长度上的荷载称为分布荷载。

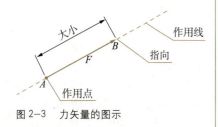

图 2-3 力矢量的图示

想一想:
重力是主动力吗?
土木工程中常见的外力有哪些?
你居住的房间中哪些是集中荷载,哪些是分布荷载?

2.2 静力学公理

学习目标

理解二力平衡公理、作用与反作用公理,能对两个公理进行比较,会对基本构件进行受力分析;了解平行四边形法则、加减平衡力系公理。

静力学公理是人类在长期生产和生活实践中,经过反复的观察和实验总结出来的关于力的普遍规律。

2.2.1 二力平衡公理

在一般的工程问题中,平衡是指物体相对于地球处于静止或匀速直线运动的状态。例如,建筑工程中的房屋、水利工程中的大坝、道路桥梁工程中的桥梁,土木工程施工中物体被起重机匀速直线起吊等,都是平衡的例子。

二力平衡公理:作用在同一物体上的两个力,使物体平衡的必要和充分条件是,这两个力大小相等,方向相反,且作用在同一直线上。

二力平衡公理说明了作用在物体上两个力的平衡条件。在一个物体上只受两个力而保持平衡时,这两个力一定要满足二力平衡公理。若一根杆件在两点受力作用而处于平衡状态,则此二力的作用方向必在这两点的连线上。雨伞挂在桌边(图2-4),雨伞摆动到其重心和挂点在同一铅垂线上时,雨伞才能平衡。因为这时雨伞的向下重力和桌面的向上支承力在同一直线上。

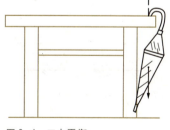

图2-4 二力平衡

2.2.2 作用力与反作用力公理

篇首我们举了两个例子,人推小车和手拉弹簧,人施加给小车和弹簧的力分别称为人对小车和弹簧的作用力;人在施加这两个力的同时,也会有小车推人和弹簧拉人的感觉,说明小车和弹簧也施加给人一个作用力,即反作用力。

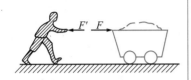

图 2-5　作用力与反作用力

想一想：
作用力与反作用力是一对平衡力吗？

【刚体】
在任何力的作用下，体积和形状都不发生改变的物体叫做刚体。

图 2-6　力的可传性

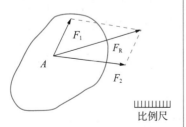

图 2-7　力的平行四边形法则

作用力与反作用力公理： 两个物体之间的作用力和反作用力，总是大小相等，方向相反，沿同一直线，并分别作用在这两个物体上（图 2-5）。

作用力与反作用力公理概括了两个物体之间相互作用力之间的关系，在分析物体受力时有重要的作用。必须注意，作用力与反作用力的性质应相同。

2.2.3　加减平衡力系公理

通常情况下，一个物体总是同时受到若干个力的作用。同时作用于一个物体上的若干力称为力系。若物体在力系作用下保持平衡状态，则称该力系为平衡力系。作用于物体上的力系使物体处于平衡状态所应满足的条件称为力系的平衡条件。

加减平衡力系公理： 作用于刚体的任意力系中，加上或减去任意平衡力系，并不改变原力系的作用效应。

加减平衡力系公理只适合于刚体。对于变形体，力移动时物体将发生不同的变形，因而作用效应不同。例如，在静止不动的弹簧上，两端同时施加等值反向的平衡力，但弹簧将被压缩或被拉长。

推论：力的可传性原理
作用在刚体上的力可沿其作用线移动到刚体内的任意点，而不改变原力对刚体的作用效应。

根据这一原理，力对刚体的作用效应与力的作用点在作用线的位置无关。现实生活中的一些现象都可以用力的可传性原理进行解释，例如用绳拉车和用同样大小的力在同一直线沿同一方向推车，对车产生的运动效应相同，如图 2-6 所示。

2.2.4　力的平行四边形法则

力的平行四边形法则： 作用于物体上同一点的两个力，可以合成为一个合力，合力也作用于该点，合力的大小和方向为以这两个力为边所构成的平行四边形的对角线（图 2-7）。

由图 2-8 可见，在求合力 F_R 时，实际上不必作出整个平行四边形，只要先从 A 点作矢量 AB 等于力矢量 F_1，再从 F_1 的终点 B 作矢量 BC 等于力矢量 F_2（即两力首尾相接），连接 AC，则矢量 AC 就代表合力 F_R。分力和合力所构成的三角形 ABC 称为力的三角形。这种求合力的方法称为力的三角形法则。

推论：三力平衡汇交定理

一刚体受共面不平行的三个力作用而平衡时，这三个力的作用线必汇交于一点。

三力平衡汇交定理常常用来确定物体在共面不平行的三个力作用下平衡时其中未知力的方向。

想一想：

两个共点力可以合成为一个力，反之，一个已知力也可以分解为两个力。在工程实际问题中，常常把一个力沿直角坐标方向进行分解。

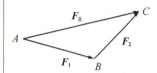

图 2-8　三角形法则

2.3　约束与约束反力

学习目标

了解约束与约束反力的概念；能对工程中常用基本构件的约束进行简化，能分析常见约束的约束性质及约束反力方向；*通过约束的简化分析，体会力学模型的作用，获得探索问题的科学方法。

2.3.1　约束与约束反力的概念

土木工程中，任何构件都受到与它相互联系的其他构件的限制，而不能自由运动，例如房屋中的梁受到两端墙体或柱子的限制而保持稳定，桥面板受到桥墩的限制而保持稳定，等等。

约束：一个物体的运动受到周围物体的限制时，这些周围物体就称为该物体的约束。

约束反力：约束对物体运动的限制作用是通过约束对物体的作用力实现的，通常将约束对物体的作用力称为约束反力，简称反力。约束反力的方向总是与约束所能限制的运动方向相反。

物体受到的力一般可以分为两类，一类是只与受力物体和施力物体有关，而与其他力无关的力，称为主动力，如重力、水压

想一想：

约束反力属于主动力还是被动力？

力等。另一类是不仅与受力物体和施力物体有关，而且与主动力有关，只有依靠一定的条件才能计算的力，称为被动力。

2.3.2 工程中常见约束的类型及其约束反力

(1) 柔体约束

由柔软的绳子、链条或胶带所构成的约束称为柔体约束。柔体约束只能承受拉力，所以柔体约束的约束反力必然沿柔体的中心线而背离物体，通常用 F_T 表示。

图 2-9(a) 为柔体约束实例，图 2-9(b) 为其约束反力。

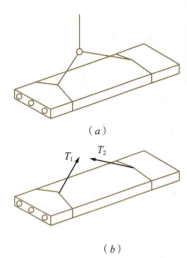

图 2-9 柔体约束及其约束反力

(2) 光滑接触面约束

当两个物体直接接触，而接触面处的摩擦力可以忽略不计时，两物体彼此的约束称为光滑接触面约束。光滑接触面对物体的约束反力必然通过接触点，沿该点的公法线方向指向被约束物体，通常用 F_N 表示，如图 2-10 所示。

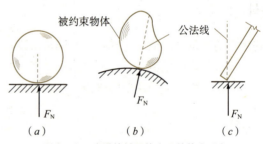

图 2-10 光滑接触面约束及其约束反力

(3) 圆柱铰链约束

圆柱铰链约束是由圆柱形销钉插入两个物体的圆孔而构成，且认为销钉与圆孔的表面是完全光滑的。这种约束只能限制物体在垂直于销钉轴线平面内的移动，而不能限制物体绕销钉轴线的转动。销钉给物体的约束反力 F_N 沿接触点 K 的公法线方向指向受力物体，即沿接触点的半径方向通过销钉中心。但由于接触点的位置与主动力有关，一般不能预先确定，约束反力的方向也不能预先确定。因此通常用通过销钉中心互相垂直的两个分力来表示，如图 2-11 所示。

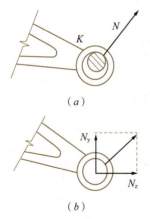

图 2-11 圆柱铰链约束及其约束反力

(4) 链杆约束

两端以铰链与不同的两个物体分别相连且自重不计的直杆称

为链杆。图 2-12 中 AB、BC 杆都属于链杆约束。这种约束只能限制物体沿链杆中心线趋向或离开链杆的运动。其约束反力沿链杆中心线，指向不确定。链杆在一般情况下都是二力杆，只能受拉或者受压。

(5) 固定铰支座

如果光滑圆柱铰链与底座连接，固定在地面或支架上，即用销钉将物体与支承面或固定支架连接起来，称为固定铰支座，简称铰支座（图 2-13a），计算简图如图 2-13(b) 所示。固定铰支座的约束反力与圆柱铰链约束相同，可表示为图 2-13(c)。

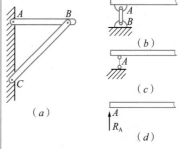

图 2-12　链杆约束及其约束反力

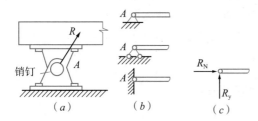

图 2-13　固定铰支座及其约束反力

(6) 可动铰支座

在固定铰支座的座体与支承面之间有辊轴就成为可动铰支座，其计算简图可用图 2-14(a)、(b) 表示。这种约束的反力必垂直于支承面（图 2-14c）。

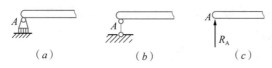

图 2-14　可动铰支座及其约束反力

(7) 固定端支座

固定支座既限制被约束体沿任何方向移动，又限制其转动。它除了产生水平和竖直方向的约束反力外，还有一个阻止转动的约束反力偶，如图 2-15(c) 所示。

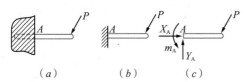

图 2-15　固定端支座及其约束反力

2.4 受力图的绘制

学习目标

了解隔离体、受力图的概念；能画单个物体的受力图；* 能绘出简单物体系统的受力图。

在解决工程实际中的力学问题时，通常需要求解约束反力。这就需要对物体进行受力分析，然后根据平衡条件求解。物体的受力分析，就是确定物体的受力情况（即确定物体受了哪些力，各力的作用位置、方向是什么）的整个分析过程。

受力图形象地反映了物体的全部受力情况，它是进一步利用力学规律进行计算的依据。

画受力图的步骤：

(1) 明确分析对象，画出分析对象的隔离体图。
(2) 在隔离体上画出全部主动力。
(3) 识别各种约束，在隔离体上画出其约束反力。必须注意的是，约束反力必须与解除的约束一一对应，不能漏画，也不能多画；物体之间的内部作用力不进行分析，也不画出。

【例 2-1】 如图 2-16(a) 所示，重量为 G 的小球放置在光滑的斜面上，并用绳子拉住。试画出小球的受力图。

【解】

画小球受力图的步骤如下（图 2-16b）：

第一步，以小球为研究对象，解除小球的约束，画出隔离体。

第二步，画出主动力。小球受到的主动力为重力 G。

第三步，画出约束反力。小球受到的约束反力有两个：一是绳子的约束反力（拉力）T_A，二是斜面的约束反力（支持力）N_B。

【例 2-2】 如图 2-17(a) 所示，水平梁 AB 受已知力 F 作用，A 端为固定铰支座，B 端为移动铰支座，梁的自重不计。画出梁 AB 的受力图。

【解】

如图 2-17(b)、(c) 所示，先取梁为研究对象，解除约束，

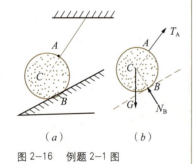

图 2-16 例题 2-1 图

画出隔离体。然后画主动力 F。

最后画约束反力。梁 AB 受到的约束有两个：一是 A 端的固定铰支座，它的反力可用方向、大小都未知的力 F_A，或者用水平和竖直的两个未知力 F_{AX} 和 F_{AY} 表示，其指向可任意假设。二是 B 端的链杆支座，其约束反力垂直于斜面，指向可任意假设。

【**例 2-3**】如图 2-18(a) 所示，梁 AC 与 CD 在 C 处铰接，并支承在三个支座上。试画出梁 AC、CD 及全梁 AD 的受力图。

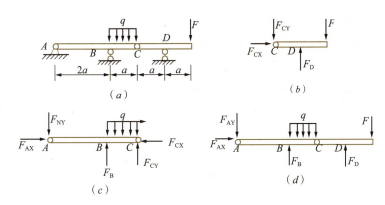

图 2-18　例题 2-3 图

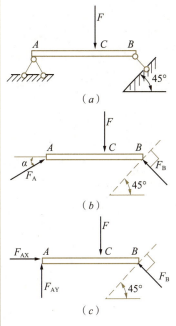

图 2-17　例题 2-2 图

【**解**】

（1）画梁 CD 的受力图（图 2-18b）

取梁 CD 为研究对象并画隔离体，梁上有主动力 F；D 端为可动铰支座，其约束反力 F_D 垂直于支承面；C 处为圆柱铰约束，其约束反力用水平和竖直的两个未知力 F_{CX} 和 F_{CY} 表示。

（2）画梁 AC 的受力图（图 2-18c）

取梁为研究对象并画隔离体，梁上有主动力分布荷载 q；B 端为可动铰支座，其约束反力应垂直于支承面；A 处为固定铰支座，它的反力用水平和竖直的两个未知力 F_{AX} 和 F_{AY} 表示，C 处反力 F'_{CX} 和 F'_{CY} 分别是 F_{CX} 和 F_{CY} 的反作用力。

（3）画全梁 AD 的受力图（图 2-18d）

以整个梁为研究对象，画隔离体，主动力有 F 和 q，A、B、D 处约束反力为 F_{AX}、F_{AY}、F_B 和 F_D，C 铰在整个梁的内部，反力不画出。

1. 什么是力？力的作用效应取决于哪些因素？
2. 二力平衡公理和作用力与反作用力有何不同？
3. 两个大小相等的力对物体的作用效应是否相同？为什么？

练习

1. 画出图 2-19 所示各物体的受力图。假设所有的接触面都是光滑的。凡未注明的重力不计。

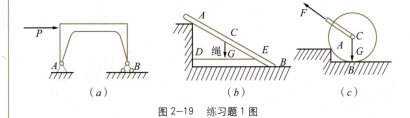

图 2-19　练习题 1 图

2. 画出图 2-20 中 AB 杆的受力图。

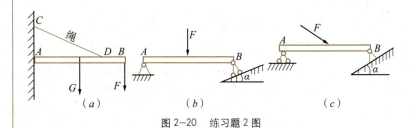

图 2-20　练习题 2 图

单元 3
平面力系的平衡

在土木工程中,我们接触到的物体一般都会同时受到多个力的作用,例如起重机起吊重物时(图 3-1a),吊钩 C 就受到三根绳索对它的拉力 T、T_A、T_B(图 3-1b);又如图 3-2(a) 所示的三角形屋架,它受到屋面传来的竖向荷载 P、风荷载 Q 以及两端支座反力 X_A、Y_A、Y_B 的作用(图 3-2b)。所以,我们将从本单元开始学习力系的合成和平衡问题,为了便于理解,通常将力系按作用线的分布情况来进行分类。

凡各力的作用线都在同一平面内的力系称为**平面力系**;凡各力的作用线不在同一平面内的力系称为**空间力系**。在平面力系中,各力的作用线交于一点的力系称为**平面汇交力系**,例如图 3-1(a) 所示起重机起吊重物时,作用于吊钩 C 的三根绳索的拉力 T、T_A、T_B 都在同一平面内,且汇交于一点,就组成平面汇交力系(图 3-1b);各力的作用线相互平行的力系称为**平面平行力系**;各力的作用线任意分布(既不完全交于一点也不完全平行)的力系,称为**平面一般力系**,例如图 3-2(a) 所示的三角形屋架,受到屋面传来的竖向荷载 P、风荷载 Q 以及两端支座反力 X_A、Y_A、Y_B,这些力组成了一个平面一般力系(图 3-2b)。

求解力系的合成与平衡问题通常有两种方法,即几何法和解析法。在力学中用得较多的还是解析法,这种方法是以力在坐标轴上的投影计算为基础的。

在本单元中,我们将通过学习解决以下问题:
> 什么是力在坐标轴上的投影?
> 怎样运用平衡方程求解平面汇交力系的平衡?
> 什么是力矩、力偶?二者有何区别?
> 怎样求解平面一般力系的平衡问题?

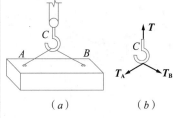

图 3-1 起重机起吊重物

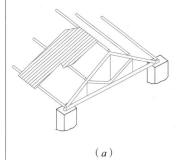

图 3-2 三角形屋架

想一想:
你能不能举出一些平面汇交力系和平面一般力学的例子?

3.1 力在直角坐标轴上的投影

学习目标

理解力在坐标轴上投影的概念;能计算力在直角坐标轴上的投影;了解合力投影定理。

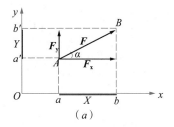

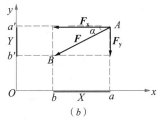

图 3-3 力在直角坐标系中的投影

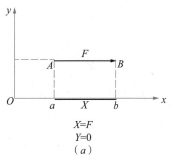

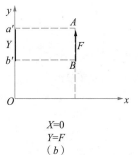

图 3-4 两种特殊情况

想一想:

力 F 沿 x、y 轴的分力和力 F 在两轴上的投影有什么区别和联系？

3.1.1 力在坐标轴上投影的概念

设力 F 作用于 A 点，如图 3-3（a）、（b）所示。在力 F 作用线所在的平面内取直角坐标系 Oxy，并使力 F 在 xy 坐标面内。从力 F 的起点 A 和终点 B 分别向 x 轴及 y 轴作垂线，得垂足 a、b 和 a'、b'，则线段 ab 加上正号或负号，称为力 F 在 x 轴上的投影，用 X 表示。线段 $a'b'$ 加上正号或负号，称为力 F 在 y 轴上的投影，用 Y 表示。并规定：当从力的起点的投影（a 或 a'）到终点的投影（b 或 b'）的方向与投影轴的正向一致时，力的投影取正值；反之，取负值。图 3-3(a) 中的 X、Y 均为正值，图 3-3(b) 中的 X、Y 均为负值。

3.1.2 力在直角坐标轴上投影的计算

由图 3-3 可见，若已知力 F 的大小及其与 x 轴所夹的锐角 α，则力 F 在坐标轴上的投影 X 和 Y 可按下式计算

$$\begin{cases} X = \pm F\cos\alpha \\ Y = \pm F\sin\alpha \end{cases} \tag{3-1}$$

在图 3-3 中，还可以把力 F 沿 x、y 轴分解为两个分力 F_x、F_y。可以看出，力在直角坐标轴 x、y 中任一轴上的投影与力沿该轴方向的分力有如下的关系：投影的绝对值等于分力的大小，投影的正负号指明了分力是沿该轴的正向还是负向。可见，利用力在坐标轴上的投影可以同时表明力沿直角坐标轴分解时分力的大小和方向。但是应当注意，力的投影 X、Y 与力的分力 F_x、F_y 是不同的，力的投影只有大小和正负，它是代数量；而力的分力是矢量，有大小、有方向，其作用效果还与作用点或作用线有关，二者不可混淆。

力在坐标轴上的投影有两种特殊情况（图 3-4a、b）：

（1）当力与坐标轴垂直时，力在该轴上的投影等于零。

（2）当力与坐标轴平行时，力在该轴上的投影的绝对值等于力的大小。

如果已知力 F 在直角坐标轴上的投影 X 和 Y，则由勾股定理和三角知识可以确定力 F 的大小和方向：

$$\left. \begin{array}{l} F = \sqrt{X^2 + Y^2} \\ \tan\alpha = \left| \dfrac{Y}{X} \right| \end{array} \right\} \tag{3-2}$$

式中的 α 为力 **F** 与 x 轴所夹的锐角。力 **F** 的指向可由投影 X 和 Y 的正负号来确定（表 3-1）。

力的方向与其投影的正负号　　　表 3-1

力的方向	坐标	投影的正负号	
		X	Y
（F 指向右上）	y, O, x	+	+
（F 指向左上）	y, O, x	−	+
（F 指向左下）	y, O, x	−	−
（F 指向右下）	y, O, x	+	−

【例 3-1】 试分别求出图 3-5 中各力在 x 轴和 y 轴上的投影。已知 F_1=80N、F_2=120N、F_3=F_4=200N，各力的方向如图 3-5 所示。

【解】

各力在 x、y 轴上的投影可由式（3-1）计算求得。

X_1=−F_1 cos 45°=−80 × 0.707=−56.56N

Y_1=F_1 sin 45°＝ 80 × 0.707=56.56N

X_2=−F_2cos 30° =−120 × 0.866=−103.92N

Y_2=−F_2sin30° =−120 × 0.5=60N

X_3=F_3cos 90° ＝ 200 × 0=0

Y_3=−F_3sin 90° =−200 × 1=−200N

X_4=F_4cos60° ＝ 200 × 0.5=100 N

Y_4=−F_4sin60° =−200 × 0.866=−173.2 N

3.1.3 合力投影定理

由上面的分析可知，已知一力矢量 **F**，可在直角坐标系中求

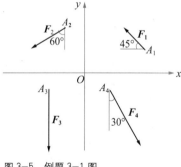

图 3-5　例题 3-1 图

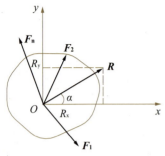

图 3-6 平面汇交力系

得其投影 X 和 Y。反之，已知该力矢量的投影 X 和 Y，也可以求得该力矢量 F 的大小和方向。

对于作用在一物体上的平面汇交力系，同样可以用这样的投影方法来求它们合力 R 的大小和方向。

设在物体上作用着平面汇交力系 F_1、F_2、…、F_n（图 3-6），为求出该力系的合力，首先选取直角坐标系 Oxy，求出力系中各力在 x、y 轴上的投影 X_1、Y_1、X_2、Y_2、…、X_n、Y_n，则平面汇交力系的合力 R 在坐标轴上的投影 R_x 和 R_y 可用下式表示为：

$$\left. \begin{array}{l} R_x = X_1 + X_2 + \cdots + X_n = \sum X \\ R_y = Y_1 + Y_2 + \cdots + Y_n = \sum Y \end{array} \right\} \tag{3-3}$$

即**合力在任一轴上的投影，等于各分力在同一轴上投影的代数和**。这就是**合力投影定理**。

根据式（3-2），合力 R 的大小和方向即可由下式确定

$$\left. \begin{array}{l} R = \sqrt{R_x^2 + R_y^2} = \sqrt{(\sum X)^2 + (\sum Y)^2} \\ \tan\alpha = \dfrac{|R_y|}{|R_x|} = \dfrac{|\sum Y|}{|\sum X|} \end{array} \right\} \tag{3-4}$$

式中 α 为合力 R 与 x 轴所夹的锐角，合力的作用线仍通过力系的汇交点 O，合力的指向可根据其投影 R_x 和 R_y 的正负号来确定（表 3-1）。

3.2 平面汇交力系的平衡

学习目标

理解平面汇交力系的平衡条件；能运用平面汇交力系平衡方程计算简单的平衡问题。

3.2.1 平面汇交力系的平衡条件

由上一节知，平面汇交力系可合成为一个合力 R，即合力 R

与原力系等效。如果某平面汇交力系的合力 **R** 等于零，即物体的运动效果与不受力一样，则物体处于平衡状态，该力系为平衡力系。反过来说，要使平面汇交力系成为平衡力系，则必须使它的合力为零。由此可见，**平面汇交力系平衡的必要和充分的条件是力系的合力等于零**。以矢量式表示为

$$R=0 \text{ 或 } \sum F=0$$

而根据式（3-4）的第一式可知

$$R=\sqrt{R_x^2+R_y^2}=\sqrt{(\sum X)^2+(\sum Y)^2}=0$$

上式中 $(\sum X)^2$ 与 $(\sum Y)^2$ 恒为正数，欲使上式成立，必须且只需

$$\left.\begin{array}{l}\sum X=0\\ \sum Y=0\end{array}\right\} \tag{3-5}$$

于是得平面汇交力系平衡的必要和充分的解析条件为：**力系中所有各力在两个坐标轴中每一轴上的投影的代数和都等于零**。式(3-5)称为**平面汇交力系的平衡方程**，应用这两个独立的平衡方程，可以求解两个未知量。

想一想：
什么叫做平衡？

3.2.2 平面汇交力系平衡方程的应用

【**例 3-2**】 一根钢管重 $G=5\text{kN}$，放在如图 3-7（a）所示的 V 形槽内。假设所有接触面均为光滑，求槽面对钢管的约束反力。

【**解**】

取钢管为隔离体，作用在它上面的力有自重 G，及光滑槽面的约束反力 N_A 和 N_B，其受力图如图 3-7（b）所示。三力 G、N_A、N_B 组成平面汇交力系。

选直角坐标系如图，列平衡方程

$$\sum X=0 \quad N_A\sin 60°-N_B\sin 45°=0 \tag{a}$$

$$\sum Y=0 \quad N_A\cos 60°+N_B\cos 45°-G=0 \tag{b}$$

因 $\sin 45°=\cos 45°$，将式（a）与式（b）相加，得

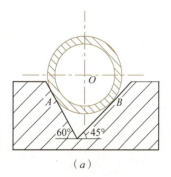

(a)

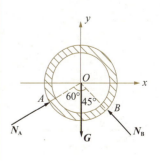

(b)

图 3-7 例题 3-2 图

$$(\sin 60° + \cos 60°)N_A - G = 0$$

故
$$N_A = \frac{G}{\sin 60° + \cos 60°}$$

将 G 的值代入，得

$$N_A = \frac{5}{0.866 + 0.5} = 3.66 \text{kN}$$

由式（a）解得

$$N_B = \frac{N_A \sin 60°}{\sin 45°}$$

将 N_A 的值代入，得

$$N_B = \frac{3.66 \times 0.866}{0.707} = 4.48 \text{kN}$$

【例 3-3】求图 3-8（a）所示三角支架中杆 AC 和杆 BC 所受的力（已知物体的自重为 $G = 10$ kN）。

【解】

（1）取铰 C 为隔离体。因杆 AC 和杆 BC 都是二力杆，所以 N_{AC} 和 N_{BC} 的作用线都沿杆轴方向。现假定 N_{AC} 为拉力，N_{BC} 为压力，画受力图如图 3-8（b）所示。

（2）选取坐标轴如图 3-8（b）所示。

（3）列平衡方程，求解未知力 N_{AC} 和 N_{BC}。

由 $\sum Y = 0$，$N_{AC}\sin 60° - G = 0$

$$N_{AC} = \frac{G}{\sin 60°} = \frac{10}{0.866} = 11.55 \text{ kN}$$

又由 $\sum X = 0$，$N_{BC} - N_{AC}\cos 60° = 0$

得 $N_{BC} = N_{AC}\cos 60° = 11.55 \times 0.5 = 5.77 \text{kN}$

因求出的结果均为正值，说明假定的指向与实际指向一致，即杆 AC 受拉，杆 BC 受压。

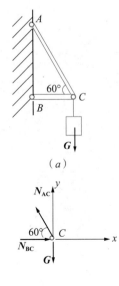

图 3-8 例题 3-3 图

通过以上各例的分析，可知用解析法求解平面汇交力系平衡问题的步骤为：

1. 选取适当的研究对象；

2. 分析研究对象的受力情况，画出其受力图，约束反力指向未定者应先假设；

3. 选取合适的坐标轴，最好使某一坐标轴与一个未知力垂直或平行，以便简化计算；

4. 列平衡方程求解未知量，列方程时注意各力投影的正负号，当求出未知力是正值时，表示该力的实际指向与受力图上所假设的指向相同，如果是负值，则表示该力的实际指向与受力图上所假设的指向相反。

3.3 力矩

学习目标

了解力矩的概念，理解力矩的性质；了解合力矩定理；能计算集中力、线荷载的力矩。

3.3.1 力矩的定义与性质

生活中随处可以看到，力除了可以使物体移动，有时也会使物体转动。例如杠杆在力的作用下绕支点转动，一端下沉一端翘起；扳手在力的作用下绕螺母转动，使螺母拧紧。为了度量力对物体的转动效应，我们引入**力对点的矩**。

观察用扳手拧螺母的情形，如图 3-9 所示，力 F 使扳手连同螺母绕螺母中心 O 转动。由经验可知，力 F 的数值愈大，或者力 F 的作用线离螺母中心 O 愈远，则愈容易旋转螺母。这表明：力 F 使物体绕某点 O 转动的效应，不仅与力 F 的大小成正比，而且还与力 F 的作用线到 O 点的垂直距离 d 成正比。因此可用乘积 $F \cdot d$ 来作为这种转动效应的度量。此外，力对物体的转动效应，还与它的转向有关，就平面问题来说，可能产生两种转向相反的转动，即逆时针或顺时针方向的转动。对于这两种情况，可采用正负号加以区别。因此，**我们用乘积 $F \cdot d$ 加上正号或负号来表示**

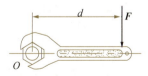

图 3-9 扳手

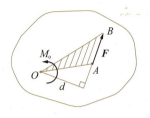

图 3-10 力矩

想一想：
你能不能举一个生活当中使用力矩让物体转动的例子呢？

力 F 使物体绕 O 点转动的效应（图 3-10），称为力 F 对 O 点的矩，简称**力矩**，并用符号 $M_O(F)$ 或 M_O 表示。即

$$M_O(F) = \pm F \cdot d \quad (3\text{-}6)$$

其中，转动中心 O 点称为**矩心**，矩心 O 到力 F 作用线的垂直距离 d 称为**力臂**。式中正负号的规定是：若力使物体产生逆时针方向的转动，取正号；反之，取负号。所以，力对点的矩是代数量。

力矩的单位是力与长度单位的乘积。因此，在国际单位制中，力矩的单位为牛顿·米（N·m）或千牛顿·米（kN·m）。

由力矩的定义可知，它在下列两种情况下为零：
1. 当力的大小等于零时；
2. 当力的作用线通过矩心（即力臂 $d=0$）时。

并且要注意，力对点的矩不会因为力沿其作用线的任意移动而改变。这是因为力沿其作用线任意移动时，其大小、方向及力臂都没有改变。

3.3.2 力矩的计算

【**例 3-4**】如图 3-11 所示一杆件 OA，其上作用有四个力，分别是 $P_1=40\text{N}$，$P_2=30\text{N}$，$P_3=50\text{N}$，$P_4=60\text{N}$。试求各力对 O 点的力矩。已知杆长 $OA=2\text{m}$。

【**解**】

由式（3-6）得

$M_O(P_1) = P_1 \cdot d_1 = 40 \times 2 \times \cos 30° = 69.3\text{N} \cdot \text{m}$

$M_O(P_2) = -P_2 \cdot d_2 = -30 \times 2 \times \sin 30° = -30\text{N} \cdot \text{m}$

$M_O(P_3) = -P_3 \cdot d_3 = -50 \times 1 = -50\text{N} \cdot \text{m}$

因为力 P_4 的作用线通过矩心 O，即有 $d_4=0$，所以

$M_O(P_4) = P_4 \cdot d_4 = 0$

在计算力矩时，最重要的是确定矩心和力臂，力臂一般可通过几何关系确定。但在有些实际问题中，由于几何关系比较复杂，力臂不易求出，因而力矩不便于计算（如例题 3-4 当中的力 P_1、

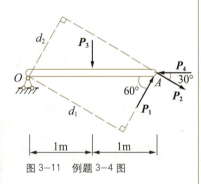

图 3-11 例题 3-4 图

想一想：
例题 3-4 当中力 P_1、P_2 对 O 点的矩，可不可以使用其他更简便的方法来计算？

P_2 对 O 点的矩)。如果将力作适当分解得其分力,考虑到合力与分力等效,合力的转动效也应与其分力的转动效应相同,因此可以将合力对某点之矩转化为分力对某点之矩来计算,这样做往往可以使问题得到简化。合力对某一点之矩与其分力对同一点之矩有如下关系:

平面汇交力系的合力对平面内任一点之矩,等于力系中各分力对同一点之矩的代数和。这就是平面汇交力系的**合力矩定理**,用公式表示为:

$$M_O(R)=M_O(F_1)+M_O(F_2)+\cdots+M_O(F_n)=\sum M_O(F) \quad (3-7)$$

【**例 3-5**】如图 3-12 所示的梁 AB,试求其上作用的均布线荷载 q 对 A 点的力矩。

【**解**】

梁受到的是均布线荷载,大小为 $q=10\text{kN/m}$,该均布线荷载可以合成为一个合力。合力的方向与均布线荷载的方向相同,合力的作用线通过荷载图的重心,其合力的大小等于荷载图的面积。

根据合力矩定理可知,均布线荷载对某点之矩等于其合力对该点之矩。

所以,均布线荷载对 A 点的力矩为:

$$M_A(q) = -10 \times 3 \times 1.5 = -45\text{kN} \cdot \text{m}$$

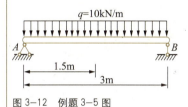

图 3-12 例题 3-5 图

【**线荷载**】

前面介绍过**分布荷载**,如果荷载是分布在一个狭长的范围内时,则可以把它简化为沿狭长面的中心线分布的荷载,称为**线荷载**。例如,分布在梁面上的荷载就可以简化为沿梁面中心线分布的线荷载。

*3.4 力偶

学习目标

了解力偶的概念,理解力偶的性质,能计算力偶矩;了解平面力偶系的平衡条件。

3.4.1 力偶与力偶矩的概念

生活中,汽车司机用双手转动方向盘(图 3-13a),钳工用双手转动丝锥攻螺纹(图 3-13b),人们用两个手指拧动水龙头及旋转钥匙打开门锁,这是因为人们在方向盘、丝锥、水龙头、钥匙

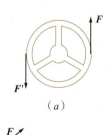

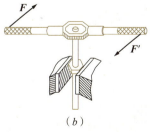

图 3-13 力偶

图 3-14 力偶矩

等物体上作用了两个大小相等、方向相反、作用线平行而不重合的力。这两个等值、反向的平行力不能合成为一个力,也不能平衡。我们从实际生活中体会到,这样的两个力能使物体产生转动效应。力学中,这种由**大小相等、方向相反、作用线平行而不重合的两个力组成的力系,称为力偶**(图 3-14),用符号(F,F')表示。力偶中两力作用线间的垂直距离 d 称为**力偶臂**,力偶所在的平面称为**力偶作用面**。

力偶是一种常见的特殊力系,由实践经验可知,在力偶作用面内,力偶能使物体产生转动。当力偶中的力 F 愈大,或者力偶臂 d 愈大时,力偶对物体的转动效应愈显著。此外,力偶在平面内的转向不同,其作用效应也不相同。可见,在力偶作用面内,力偶对物体的转动效应取决于力偶中力 F 和力偶臂 d 的大小以及力偶的转向。在力学中用力的大小 F 与力偶臂 d 的乘积 $F·d$,加上正号或负号作为度量力偶对物体转动效应的物理量,该物理量称为力偶矩,并用符号 $m(F,F')$ 或 m 表示,即

$$m(F, F') = m = \pm F \cdot d \tag{3-8}$$

式中正负号的规定是:若力偶的转向是逆时针时取正号;反之取负号。

力偶矩的单位和力矩的单位相同,也是牛顿·米(N·m)或千牛顿·米(kN·m)。

3.4.2 力偶的性质

1. 力偶在任一轴上的投影等于零。

设在物体上作用一力偶(F,F'),并且该两力与某一轴 x 所夹的角为 α,如图 3-15 所示。

由图可得

$$\sum X = F\cos\alpha - F'\cos\alpha = 0$$

由此可得,力偶在任一轴上的投影等于零。

由于力偶在任一轴上的投影等于零,所以力偶对物体不会产生移动效应,只产生转动效应。

2. 力偶不能简化为一个合力。

因为力偶在任一轴上的投影都为零,所以力偶对于物体不会

想一想:
力矩和力偶有什么相同之处和不同之处?

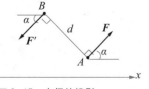

图 3-15 力偶的投影

产生移动效应，只产生转动效应。而一般来说，一个力可使物体产生移动和转动两种效应。

因此，力偶和力对物体的作用效应不同，说明力偶不能用一个力来代替，即**力偶不能简化为一个力，力偶也不能和一个力平衡，力偶只能和力偶平衡。**

3. 力偶对其作用面内任一点的矩都等于力偶矩，而与矩心的位置无关。

由于力偶由两个力组成，它的作用是使物体产生转动效应，因此，力偶对物体的转动效应，可以用力偶中的两个力对其作用面内某点的矩的代数和来度量。

设在物体上作用一力偶（F，F'），其力偶臂为 d，如图 3-16 所示。在力偶作用面内任取一点 O 为矩心，以 $m_o(F, F')$ 表示力偶对 O 点的矩，则

$$M_o(F, F') = m_o(F) + m_o(F')$$
$$= F \cdot (x+d) - F' \cdot x$$
$$= F \cdot d = m$$

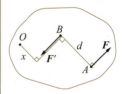

图 3-16 力偶矩与矩心无关

以上结果表明：力偶对其作用面内任一点的矩，恒等于力偶矩，而与矩心的位置无关。

4. 在同一平面内的两个力偶，如果它们的力偶矩大小相等，力偶的转向相同，则这两个力偶是等效的。这一性质称为力偶的等效性。

力偶的等效性可以直接由经验证实，例如，司机使汽车转弯时用双手转动方向盘（图 3-17），不管两手用力是 F_1、F'_1 或是 F_2、F'_2，只要力的大小不变，它们的力偶矩就相等，因而转动方向盘的效应就是一样的。又如攻螺纹时，双手施加在扳手上的力不论是如图 3-18（a）还是图 3-18（b），虽然所加力的大小和力偶臂不同，但它们的力偶矩相等，因此，它们对扳手的转动效应也是一样的。

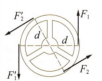

图 3-17 力偶的等效性

根据力偶的等效性，可以得出两个推论：

推论 1 只要保持力偶矩的代数值不变，力偶可以在其作用面内任意移动和转动，而不会改变它对物体的转动效应。即力对物体的转动效应与它在作用面内的位置无关。

推论 2 只要保持力偶矩的代数值不变，可以同时改变力偶

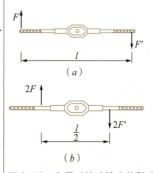

图 3-18 力偶对转动效应的影响

中的力和力偶臂的大小，而不会改变它对物体的转动效应。

从以上分析可知，力偶对于物体的转动效应完全取决于**力偶矩的大小、力偶的转向及力偶的作用面**，这就是**力偶的三要素**。所以，力偶在其作用面内除了可以用两个力表示之外，通常还可用一带箭头的弧线来表示，如图3-19所示。其中箭头表示力偶的转向，m 表示力偶矩的大小。

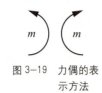

图 3-19 力偶的表示方法

3.4.3 平面力偶系的平衡条件

在物体的某一平面内同时作用有两个或两个以上的力偶时，这群力偶就称为**平面力偶系**。

1. 平面力偶系的合成

设在物体的同一平面内作用有 m_1、m_2、$\cdots$、m_n 这 n 个力偶组成的平面力偶系，则它们的合成结果是：

$$M = m_1 + m_2 + \cdots + m_n = \sum m \tag{3-9}$$

即：**平面力偶系合成的结果是一个合力偶，合力偶矩 M 等于力偶系中各分力偶矩的代数和。**

2. 平面力偶系的平衡条件

平面力偶系合成的结果是一个合力偶，当合力偶矩等于零时，则力偶系中各力偶对物体的转动效应相互抵消，物体处于平衡状态；反之，当合力偶矩不等于零时，则物体必有转动效应而不平衡。所以，**平面力偶系平衡的必要和充分条件是：力偶系中各力偶矩的代数和等于零。**用公式表示为

$$\sum m = 0 \tag{3-10}$$

上式称为平面力偶系的平衡方程。应用这个平衡方程可以求解一个未知量。

3.5 平面一般力系的平衡

学习目标

了解平面一般力系的平衡条件，理解平面一般力系平衡方程的两种形式；能运用平衡方程计算单个构件的平衡问题；*能运

用平衡方程计算简单物体系统的平衡问题。

3.5.1 平面一般力系的平衡条件

我们在 3.1 节中已经学过，平面一般力系是指各力的作用线在同一平面内但不全部汇交于一点也不全部互相平行的力系。

在工程实际中，有许多平面一般力系的例子。如图 3-20(a) 所示的悬臂式起重机，其中的梁 AB 受到杆 BC 对它的拉力 T、提升重力 Q、自重 W 以及 A 支座对它的约束反力 X_A、Y_A，这些力组成了一个平面一般力系（图 3-20b）。此外，有些结构虽然不是受平面力系作用，但如果结构本身（包括支座）及其所承受的荷载都对称于某一个平面，那么，作用在结构上的力系就可以简化为在这个对称平面内的平面力系。例如图 3-21 所示沿直线行驶的汽车，它所受到的重力 G、空气阻力 F 和地面对前后轮的约束反力 R_A、R_B 都可以简化到汽车的对称平面内而组成一个平面一般力系（图 3-21a、b）。又如图 3-22(a) 所示的挡土墙，对其进行受力分析时，考虑到它沿长度方向的受力情况大致相同，通常取 1m 长的墙身作为研究对象，该段墙身所受到的重力 G、土压力 P 和地基反力 R 也都可以简化到其对称平面内而组成一个平面一般力系（图 3-22b）。

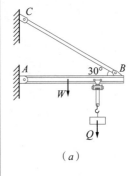

(a)

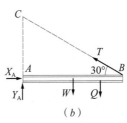

(b)

图 3-20 悬臂式起重机

想一想：
请你分析一下房屋当中一条梁的受力情况？梁所受到的力属于平面一般力系吗？

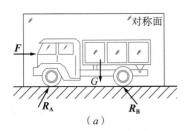

(a)   (b)

图 3-21 沿直线行驶的汽车
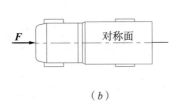

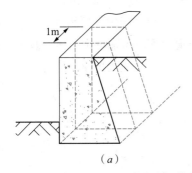

(a)

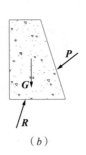

(b)

图 3-22 挡土墙

1. 力的平移定理

我们前面已经学习了平面汇交力系和平面力偶系的合成和平衡问题。平面一般力系能否简化为这两种简单力系呢？如果可以的话，平面一般力系的合成和平衡问题将得到解决。要使平面一般力系中各力的作用线都汇交于一点，这就需要将力的作用线平移。由力的可传性原理可知，力可以沿其作用线任意移动而不会改变它对刚体的作用效应。但是，如果将力的作用线平移到另一位置，则它对刚体的作用效应将发生改变。下面举例说明。

设一个力 F 作用在轮子边缘上的 A 点（图 3-23a），此力可以使轮子转动，如果将其平移到轮子的中心 O 点（图 3-23b 的力 F'），则它就不能使轮子转动，可见力的作用线是不能随便平移的。但是当我们将力 F 平行移到 O 点的同时，再在轮子上附加一个适当的力偶（图 3-23c），就可以使轮子转动的效应和力 F 没有平移时（图 3-23a）一样。可见，要将力平移，就需要附加一个力偶才能和平移前的效果相同。

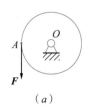

(a)

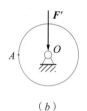

(b)

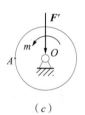

(c)

图 3-23

在一般情况下，设在物体的 A 点作用一个力 F，如图 3-24 (a) 所示，要将此力平移到物体的任一点 O。为此，可在 O 点加上一对平衡力 F' 和 F''，并使其作用线与力 F 平行、大小与力 F 的大小相等，即令 $F' = -F'' = F$，如图 3-24 (b) 所示。由加减平衡力系公理可知，这样不会改变原力 F 对刚体的作用效应。由于作用在 A 点的力 F 与作用在 O 点的力 F'' 是一对等值、反向、作用线平行而不重合的力，它们组成了一个力偶 (F, F'')，其力偶矩为

$$m = F \cdot d = m_o(F)$$

而作用在 O 点的力 F'，其大小和方向与原力 F 相同，即相当于把原力 F 从点 A 平移到了点 O，如图 3-24 (c) 所示。

由以上分析可得如下结论：**作用在刚体上的力 F，可以平移到同一刚体上的任一点 O，但必须同时附加一个力偶，其力偶矩等于原力 F 对于新作用点 O 的矩。这就是力的平移定理。**

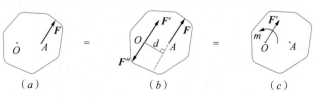

图 3-24 力的平移定理

2. 平面一般力系向作用面内任一点简化

平面一般力系中各力在刚体上的作用点都有所不同，这对于研究刚体的平衡问题非常不方便。因此，我们可以利用力的平移定理将各力的作用点都移到同一个点，这就是平面一般力系向作用面内任一点的简化，下面举例说明。

设在刚体上作用一平面任意力系 F_1、F_2、$\cdots$、F_n（图3-25a）。在力系所在的平面内任取一点 O，该点称为简化中心。根据力的平移定理，将力系中的各力都平移到 O 点，于是就得到一个汇交于 O 点的平面汇交力系 F'_1、F'_2、$\cdots$、F'_n 和力偶矩分别为 m_1、m_2、$\cdots$、m_n 的附加的平面力偶系（图3-25b）。

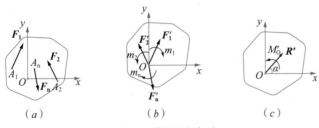

图3-25 平面汇交力系

对于平面汇交力系 F'_1、F'_2、$\cdots$、F'_n 可以合成为作用在 O 点的一个力 R'（图3-25c），这个力 R' 称为原平面一般力系的**主矢**。由平面汇交力系合成的理论可知，主矢 R' 为

$$R' = F'_1 + F'_2 + \cdots + F'_n$$

而

$$F'_1 = F_1$$
$$F'_2 = F_2$$
$$\cdots\cdots$$
$$F'_n = F_n$$

所以

$$R' = F_1 + F_2 + \cdots + F_n = \sum F$$

即主矢等于原力系中各力的矢量和。

主矢 R' 的大小和方向可以用解析法确定。通过 O 点取直角坐标系 Oxy（图3-25c），主矢 R' 在 x 轴和 y 轴上的投影为

$$R'_x = X'_1 + X'_2 + \cdots + X'_n = X_1 + X_2 + \cdots + X_n = \sum X$$
$$R'_y = Y'_1 + Y'_2 + \cdots + Y'_n = Y_1 + Y_2 + \cdots + Y_n = \sum Y$$

式中 X'_i、Y'_i 和 X_i、Y_i 分别是力 F'_i 和 F_i 在坐标轴 x 和 y 上的投影。由于力 F'_i 和 F_i 大小相等、方向相同，所以它们在同一轴上的投影相等。

由式（3-4）可得主矢 R' 的大小和方向为

$$R' = \sqrt{R'^2_x + R'^2_y} = \sqrt{(\sum X)^2 + (\sum Y)^2}$$

$$\tan\alpha = \left|\frac{R'_y}{R'_x}\right| = \left|\frac{\sum Y}{\sum X}\right|$$

α 为主矢 R' 与 x 轴所夹的锐角，R' 指向哪个象限由 $\sum X$ 和 $\sum Y$ 的正负号确定。从式（3-4）可知，求主矢的大小和方向时，只要求出原力系中各力在两个坐标轴上的投影就可得出，而不必将力平移后再求投影。

对于所得的附加力偶系可以合成为一个力偶（图 3-25c），这个力偶的力偶矩 M'_o 称为原平面一般力系对简化中心 O 点的主矩。由平面力偶系合成的理论可知，主矩 M'_o 为

$$M'_o = m_1 + m_2 + \cdots + m_n$$

而

$$m_1 = M_o(F_1)$$
$$m_2 = M_o(F_2)$$
$$\cdots\cdots\cdots$$
$$m_n = M_o(F_n)$$

所以

$$M'_o = M_o(F_1) + M_o(F_2) + \cdots + M_o(F_n) = \sum M_o(F) = \sum M_o$$

即主矩等于原力系中各力对简化中心 O 点之矩的代数和。

综上所述，可得如下结论：**平面一般力系向作用面内任一点 O 简化后，可得一个力和一个力偶。这个力作用在简化中心，它的矢量称为原力系的主矢，且等于原力系中各力的矢量和；这个力偶的力偶矩称为原力系对简化中心 O 点的主矩，它等于原力系中各力对简化中心的力矩的代数和。**

需要指出的是，由于主矢等于原力系中各力的矢量和，所以它与简化中心的位置无关。而主矩等于原力系中各力对简化中心

的力矩的代数和，取不同的点为简化中心，各力的力臂将会改变，则各力对简化中心的矩也会改变，所以在一般情况下，主矩与简化中心的选择有关。因此，凡是提到主矩，就必须指出是力系对于哪一点的主矩。

主矢描述原力系对物体的平移作用，主矩描述原力系对物体绕简化中心的转动作用，二者的作用总和才能代表原力系对物体的作用。因此，单独的主矢 R' 或主矩 M'_o 并不与原力系等效。

3. 平面一般力系的平衡条件

平面一般力系向作用面内任一点 O 简化后，一般可以得到一个力和一个力偶。如果平面一般力系的主矢 $R'=0$，且力系对作用面内任一点 O 的主矩 $M'_o=0$，则原力系平衡。这是因为当主矢和主矩都等于零时，则简化后得到的平面汇交力系和附加力偶系各自平衡，而这两个力系与原力系是等效的，所以原力系一定平衡。因此，主矢和主矩都等于零是平面一般力系平衡的充分条件。反之，如果主矢和主矩中有一个量或两个量不等于零，则原力系可合成为一个力或一个力偶，这时力系就不平衡。因此，主矢和主矩都等于零也是力系平衡的必要条件。于是**平面一般力系平衡的必要和充分条件是：力系的主矢和力系对任一点的主矩都等于零**。即

$$R'=0, \quad M'_o=0$$

由于

$$R'=\sqrt{(\sum X)^2+(\sum Y)^2} \qquad M'_o=\sum M_o(F)=\sum M_o$$

于是平面一般力系的平衡条件为

$$\begin{cases} \sum X=0 \\ \sum Y=0 \\ \sum M_o=0 \end{cases} \tag{3-11}$$

由此可见，**平面一般力系平衡的必要和充分条件也可叙述为：力系中各力在两个坐标轴上的投影的代数和分别等于零；同时力系中各力对任一点之矩的代数和也等于零**。

式（3-11）称为平面一般力系的平衡方程，它是平衡方程的基本形式，其中前两个公式称为**投影方程**，后一个公式称为**力矩**

想一想：
平面一般力系的平衡方程与平面汇交力系的平衡方程有什么区别和联系？

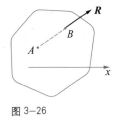

图 3-26

方程。对于投影方程可以理解为：物体在力系作用下沿 x 轴和 y 轴方向都不可能移动；对于力矩方程可以理解为：物体在力系作用下绕任一矩心都不能转动。当满足平衡方程时，物体既不能移动，也不能转动，物体就处于平衡状态。当物体在平面一般力系作用下处于平衡时，就可以应用这三个平衡方程求解三个未知量。注意在应用投影方程时，投影轴应尽可能选取与较多的未知力的作用线垂直；应用力矩方程时，矩心宜选取在两个未知力的交点上。这样做的目的是，可使平衡方程中的未知量减少，以便于求解。

4. 平衡方程的其他形式

前面介绍了平面一般力系平衡方程的基本形式，除了这种形式外，还可将平衡方程表示为其他两种形式，现分别介绍如下：

(1) 二力矩式的平衡方程

二力矩式的平衡方程是由一个投影方程和两个力矩方程所组成，可写为

$$\begin{cases} \sum X=0 \\ \sum M_A=0 \\ \sum M_B=0 \end{cases} \quad (3\text{-}12)$$

式中 A、B 两点的连线不能与 x 轴垂直（图 3-26）。

现对式 (3-12) 进行证明。设有一平面一般力系，将该力系向平面内任一点 A 简化，如果 $\sum M_A=0$ 成立，说明原力系不可能合成为一个力偶，但可能合成为一个通过 A 点的合力 R 或者平衡。如果 $\sum M_B=0$ 又成立，同理可以确定，原力系可能合成为一个沿着 A、B 两点连线作用的合力 R（图 3-26），或者平衡。如果 $\sum X=0$ 也成立，且 x 轴不与 A、B 两点连线垂直，则力系也不可能合成为一个力，因为一个力不可能既通过 A、B 两点连线而又垂直于 x 轴，因此，力系必然平衡。

(2) 三力矩式的平衡方程

三力矩式的平衡方程是由三个力矩方程所组成，可写为

$$\begin{cases} \sum M_A=0 \\ \sum M_B=0 \\ \sum M_C=0 \end{cases} \quad (3\text{-}13)$$

式中 A、B、C 三点不在同一直线上（图 3-27）。

同样可以证明式（3-13）。设有一平面一般力系，将该力系向平面内任一点 A 简化，如果 $\sum M_A=0$ 和 $\sum M_B=0$ 同时成立，说明原力系不可能合成为一个力偶，但可能合成为一个沿着 A、B 两点连线作用的合力 **R**（图 3-27）或者平衡。如果 $\sum M_C=0$ 也成立，说明如果原力系有合力，则合力必须同时通过 A、B、C 三点。但式（3-13）的附加条件是 A、B、C 三点不能共线，因此原力系不可能有合力。可见当原力系满足式（3-13）时，则力系既不能合成为一个力偶，也不能合成为一个力，而只能是平衡的。

平面一般力系虽然有三种不同形式的平衡方程，但不论采用哪种形式的平衡方程解题，对一个受平面一般力系作用的平衡物体，都只可能写出三个独立的平衡方程，任何第四个方程都不是独立的，它只能用来校核计算的结果。因此，应用平面一般力系的平衡方程，能够并且最多只能求解三个未知量。至于究竟选取哪种形式的平衡方程解题，则完全取决于计算是否简便。

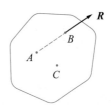

图 3-27

想一想：

为什么说平面一般力系只有三个独立的平衡方程？

3.5.2 运用平面一般力系的平衡方程计算单个构件的平衡问题

【例 3-6】 梁 AB 上作用一集中力 **F** 和一均布线荷载 **q**，如图 3-28（a）所示。已知 F=6kN，q=2kN/m，梁的自重不计，试求支座 A、B 的反力。

【解】

取梁 AB 为隔离体，画其受力图如图 3-28（b）所示。梁上作用有主动力 **F**、**q**，以及支座反力 X_A、Y_A 和 Y_B，这些力组成了一个平面一般力系。

应用平面一般力系的平衡方程可以求解三个未知的支座反力 X_A、Y_A 和 Y_B。在列平衡方程时，梁上 AC 段所受的均布荷载可视为一集中力 **Q**，**Q** 的方向与均布荷载的方向相同，作用点在均布荷载的中点（图 3-28b 中虚线所示），大小等于荷载集度与均布荷载分布长度的乘积，即 $Q=q\times AC$。

取坐标系如图 3-28（b）所示，由

$$\sum X=0, \quad X_A - F\cos 60° = 0$$

得

$$X_A = F\cos 60° = 6\times 0.5 = 3\text{kN} \ (\rightarrow)$$

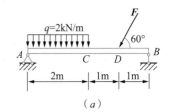

(a)

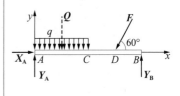

(b)

图 3-28 例题 3-6 图

由 $\sum M_A=0$, $Y_B \times 4 - F\sin 60° \times 3 - q \times 2 \times 1 = 0$

得 $Y_B = \dfrac{F\sin 60° \times 3 + q \times 2 \times 1}{4} = \dfrac{6 \times 0.866 \times 3 + 2 \times 2 \times 1}{4} = 4.9\text{kN}（↑）$

由 $\sum Y = 0$, $Y_A - q \times 2 - F\sin 60° + Y_B = 0$

得 $Y_A = q \times 2 + F\sin 60° - Y_B$
$= 2 \times 2 + 6 \times 0.866 - 4.9$
$= 4.3\text{ kN}（↑）$

得数为正，说明原假设的指向正确；得数为负，说明原假设的指向错误，最后可将各反力正确的指向表示在答案后面的括号内。

校核：力系既然平衡，则力系中各力在任一轴上的投影的代数和必然等于零，力系中各力对任一点之矩的代数和也必然等于零。因此，我们可以列出其他的平衡方程，用以校核计算结果有无错误。例如，以 D 点为矩心，有

$\sum M_D = -Y_A \times 3 + q \times 2 \times 2 + Y_B \times 1$
$= -4.3 \times 3 + 2 \times 2 \times 2 + 4.9 \times 1$
$= 0$

可见，Y_A 和 Y_B 计算无误。如果上式不能满足（计算误差除外），说明解答有错误，这时必须对前面的计算仔细检查，以求出正确答案。

通过以上例题的分析，现将应用平面一般力系平衡方程解题的步骤总结如下：

1. 确定隔离体。根据题意分析已知量和未知量，选取适当的物体为隔离体。

2. 画受力图。在隔离体上画出它所受到的所有主动力和约束反力。约束反力应根据约束的类型来画。当约束反力的方向未定时，一般可用两个互相垂直的分反力表示；当约束反力的指向未定时，可以先假设其指向。如果计算结果为正，则表示假设的指向正确；如果计算结果为负，则表示实际的指向与假设的相反。

3. 列平衡方程求解。以解题简捷为标准，选取适当的平衡方程形式、投影轴和矩心，列出平衡方程求解未知量。通常应力求

在一个平衡方程中只包含一个未知量,以避免求解联立方程组。

4. 解平衡方程,求得未知量。

5. 校核。列出非独立的平衡方程以检查计算结果是否正确。

*3.5.3　运用平面一般力系的平衡方程计算简单物体系统的平衡问题

前面我们学习的是单个物体的平衡问题,下面我们来学习物体系统的平衡问题。所谓**物体系统**是指由几个物体通过一定的约束联系在一起的系统。例如图 3-29 所示的组合梁,就是由梁 AB 和梁 BC 通过铰链 B 连接,并支承在 A、C 支座而组成的一个物体系统。当物体系统平衡时,组成物体系统的每个物体以及系统整体都处于平衡状态。

与单个物体相比,解决物体系统的平衡问题,不仅需要求出物体系统所受的支座反力,而且还要求出物体系统内部各物体之间相互作用力。我们把作用在物体系统上的力分为**外力**和**内力**。所谓外力,就是系统以外的物体作用在这系统上的力;所谓内力,就是在系统内各物体之间相互作用的力。例如组合梁所受的荷载与 A、C 支座的反力就是外力(图 3-29b),而在 B 铰处左右两段梁相互作用的力就是组合梁的内力。要暴露内力,就需要将物体系统中的物体在它们相互联系的地方拆开,分别分析单个物体的受力情况,画出它们的受力图,如将组合梁在铰 B 处拆开为两段梁,分别画出这两段梁的受力图(图 3-29c、d)。需要注意的是,外力和内力的概念是相对的,取决于所选取的研究对象。例如图 3-29 所示的组合梁在 B 铰处两段梁的相互作用力,对组合梁整体来说,就是内力;而对左段梁或右段梁来说,就成为外力了。

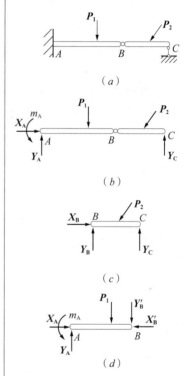

图 3-29　组合梁

求解物体系统的平衡问题,就是计算出物体系统的内、外约束反力。解决问题的关键在于恰当地选取隔离体,一般有两种选取的方法:

1. 先取整个物体系统为隔离体,求得某些未知量;再取物体系统中的某部分物体(一个物体或几个物体的组合)为隔离体,求出其他未知量。

2. 先取物体系统中的某部分为隔离体;再取其他部分物体或整体为隔离体,逐步求得所有的未知量。

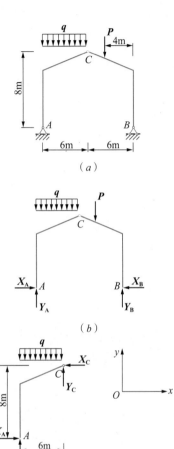

不论取整个物体系统或是系统中的某一部分作为隔离体，都可以根据隔离体所受的力系的类别列出相应的平衡方程去求解未知量。一般的说，对于每个物体，如果受到的是平面一般力系的作用，就可以列出三个独立的平衡方程。如果物体系统是由 n 个物体所组成，则它就一共可列出 $3n$ 个独立的平衡方程，从而可以求解 $3n$ 个未知量。如果物体系统中的某些物体受平面汇交力系或平面力偶系作用，则物体系统的平衡方程的个数将相应减少，而所能求解未知量的个数也相应减少。

下面举例说明求解物体系统平衡问题的方法。

【例 3-7】 钢筋混凝土三铰刚架受荷载如图 3-30（a）所示，已知 $P=12$kN，$q=8$kN/m，求支座 A、B 及顶铰 C 处的约束反力。

【解】
三铰拱由左、右两个半拱组成，其整体及每个半拱的受力图如图 3-30(b)、(c)、(d) 所示。由图可见，三铰拱整体及左、右半拱都受平面一般力系作用，且都含有四个未知量，但总的未知量只有六个，欲求出这些未知量，可分别取左、右半拱为隔离体进行求解，也可分别取三铰拱整体和其中一个半拱为隔离体求解，共可列出六个独立的平衡方程，故六个未知量可完全确定。

我们进一步注意到，整个三铰拱虽有四个未知力，但若分别以 A 和 B 为矩心，列出力矩方程，则各有三个未知力通过矩心，平衡方程中只有一个未知量，于是就可以方便地求出 Y_B、Y_A。然后，再考虑一个半拱的平衡，这时，每个半拱都只剩下三个未知力，问题就迎刃而解了。

根据以上分析，计算如下：

（1）取整个三铰拱为隔离体（图 3-30b），取坐标系如图，由

$$\sum M_A = 0，-q \times 6 \times 3 - P \times 8 + Y_B \times 12 = 0$$

得 $$Y_B = \frac{q \times 6 \times 3 + P \times 8}{12} = \frac{8 \times 6 \times 3 + 12 \times 8}{12} = 20 \text{ kN}（\uparrow）$$

由 $$\sum M_B = 0，q \times 6 \times 9 + P \times 4 - Y_A \times 12 = 0$$

得 $$Y_A = \frac{q \times 6 \times 9 + P \times 4}{12} = \frac{8 \times 6 \times 9 + 12 \times 4}{12} = 40 \text{ kN}（\uparrow）$$

由 $$\sum X = 0，X_A - X_B = 0$$

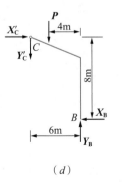

图 3-30 例题 3-7 图

得 $\qquad X_A = X_B \qquad (a)$

（2）取左半拱为隔离体（图3-30c），由

$\sum M_C = 0, \ X_A \times 8 - Y_A \times 6 + q \times 6 \times 3 = 0$

得 $\quad X_A = \dfrac{Y_A \times 6 - q \times 6 \times 3}{8} = \dfrac{40 \times 6 - 8 \times 6 \times 3}{8} = 12\text{kN} \ (\rightarrow)$

由 $\quad \sum X = 0, \ X_A - X_C = 0$

得 $\quad X_C = X_A = 12\text{kN}$

由 $\quad \sum Y = 0, \ Y_A + Y_C - q \times 6 = 0$

得 $\quad Y_C = q \times 6 - Y_A = 8 \times 6 - 40 = 8\text{kN}$

将 X_A 的值代入式（a），可得

$$X_B = X_A = 12\text{kN} \ (\leftarrow)$$

校核：考虑右半拱的平衡，由于

$\sum X = X'_C - X_B = X_C - X_B = 12 - 12 = 0$

$\sum Y = Y_B - Y'_C - P = Y_B - Y_C - P = 20 - 8 - 12 = 0$

$\sum M_C = -P \times 2 - X_B \times 8 + Y_B \times 6 = -12 \times 2 - 12 \times 8 + 20 \times 6 = 0$

可见计算正确。

通过以上实例分析，可见物体系统平衡问题的解题步骤与单个物体的平衡问题基本相同。现将物体系统平衡问题的解题特点归纳如下：

1. 适当选取隔离体

如整个系统的约束力未知量的数目不超过三个，或虽超过三个但不拆开也能求出一部分未知量时，可先选择整个系统为隔离体。

如整个系统的约束反力未知量的数目超过三个，必须拆开才能求出全部未知量时，通常先选择受力情形最简单的某一部分（一个物体或几个物体）作为隔离体，且最好这个隔离体所包含的未知量个数不超过此隔离体所受的力系的独立平衡方程的数目，以避免用两个隔离体的平衡方程联立求解。需要将系统拆开时，要

在各个物体连接处拆开，而不应将物体或杆件切断。

选取隔离体的具体方法是：先分析整个系统及系统内各个物体的受力情况，画出它们的受力图，然后选取隔离体。

2. 画受力图

画出隔离体所受的全部外力，不画隔离体中各物体之间相互作用的内力。两个物体间相互作用的内力要符合作用与反作用关系。

3. 应用不同形式的平衡方程

按照受力图中所反映的力系的特点和需要求解的未知力数目，列出必需的平衡方程。平衡方程要简单易解，最好每个方程只包含一个未知力。

3.6 工程中的应用

学习目标

综合运用本单元知识，学习解决实际工程中的平面力系平衡问题。

在建筑工程中，我们经常遇到的很多物体都是受到平面力系的作用，工地上最常见的塔式起重机（图3-31a）就是最好的例子。下面，我们来一起分析一下塔式起重机的受力情况。

设塔式起重机的机身重 $G=220\text{kN}$，作用线通过塔架的中心；最大起吊重量 $W=50\text{kN}$，起重臂长12m，轨道 A、B 的间距为4m；平衡锤重 Q，它到机身中心线的距离为6m。试分析：

（1）能保证起重机不会翻倒时平衡锤的重量 Q 是多少？

（2）当平衡锤的重量 $Q=30\text{kN}$，而起重机满载时，轨道 A、B 的约束反力。

【分析】

取起重机为隔离体，起重机在起吊重物时的受力图如图3-31(b)所示，作用在它上面的力有自重 G，平衡锤重 Q，起吊重物重 W，以及轨道的约束反力 Y_A、Y_B。Y_A、Y_B 的方向为竖直向上。

（1）求能保证起重机不会翻倒时平衡锤的重量 Q。

要保证起重机不会翻倒，就是要保证起重机在满载时不绕 B 点向右翻倒；空载时不绕 A 点向左翻倒。这就要求作用在起重机上的各力在以上两种情况下都能满足平衡条件。

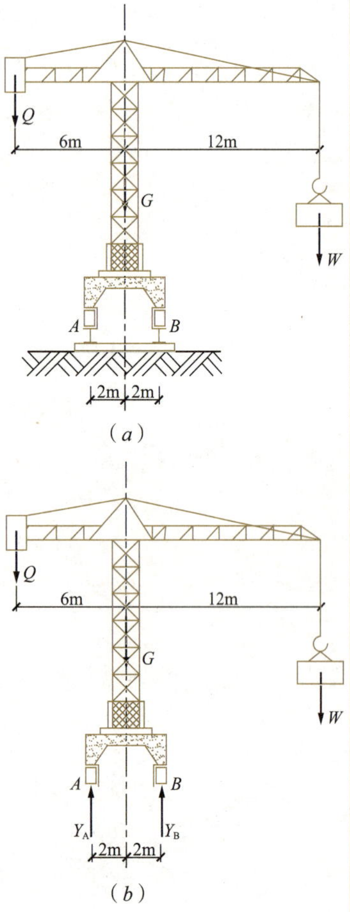

图3-31 起重机

当满载时，即 $W=50\text{kN}$，起重机平衡的临界情况（即将翻未翻时）表现为 $Y_A=0$，这时由平衡方程求出的 Q 是所允许的最小值。

由 $\sum M_B=0$，$G\times 2+Q_{\min}\times 8-W\times 10=0$

得 $Q_{\min}=\dfrac{W\times 10-G\times 2}{8}=\dfrac{50\times 10-220\times 2}{8}=7.5\text{kN}$

当空载时，即 $W=0$，起重机平衡的临界情况表现为 $Y_B=0$，这时由平衡方程求出的 Q 是所允许的最大值。

由 $\sum M_A=0$，$Q_{\max}\times 4-G\times 2=0$

得 $Q_{\max}=\dfrac{G\times 2}{4}=\dfrac{220\times 2}{4}=110\text{kN}$

上面的 $Q_{\min}$ 和 $Q_{\max}$ 是在满载和空载两种临界平衡状态下求得的，起重机实际工作时当然不允许处于这种危险状态。因此要保证起重机不会翻倒，平衡锤的重量 Q 的大小应在这两者之间，即

$$7.5\text{kN} < Q < 110\text{kN}$$

（2）取 $Q=30\text{kN}$，求满载时轨道 A、B 的约束反力 Y_A、Y_B。

当 $Q=30\text{kN}$ 时，满足起重机正常工作所需 Q 值的范围。此时，起重机在图 3-31（b）所示的各力作用下处于平衡状态：

由 $\sum M_B=0$，$G\times 2+Q\times 8-W\times 10-Y_A\times 4=0$

得 $Y_A=\dfrac{G\times 2+Q\times 8-W\times 10}{4}=\dfrac{220\times 2+30\times 8-50\times 10}{4}=45\text{kN}$

由 $\sum M_A=0$，$Q\times 4+Y_B\times 4-G\times 2-W\times 14=0$

得 $Y_B=\dfrac{G\times 2+W\times 14-Q\times 4}{4}=\dfrac{220\times 2+50\times 14-30\times 4}{4}=255\text{kN}$

思 考

1. 分力与投影有什么不同？
2. 同一个力在两个互相平行的轴上的投影是否相等？若两个力在同一轴上的投影相等，这两个力是否一定相等？

3. 如图 3-32 (a)、(b) 所示，两个力系的三个力都汇交于一点，且各力都不等于零，试问它们是否可能平衡？

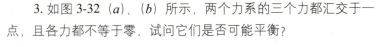

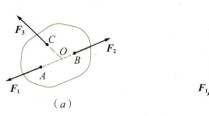

图 3-32 思考题 3 图

4. 如图 3-33 所示，用手拔钉子拔不出来，为什么用钉锤一下子能拔出来？我们用手开门或关门时，手的位置放在门的哪一个部位最省力？

5. 如图 3-34 所示，力偶不能和一个力平衡，为什么图中的轮子又能平衡呢？

6. 如图 3-35 所示，(a) 与 (b) 中两个小轮的半径都是 r，在这两种情况下力对小轮的作用效果是否相同？

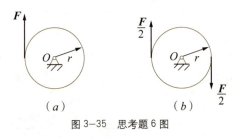

图 3-35 思考题 6 图

7. 平面一般力系的合力与其主矢的关系怎样？在什么情况下其主矢即为合力？

8. 在研究物体系统的平衡问题时，如以整个系统为研究对象，是否可能求出该系统的内力？为什么？

练习

1. 分别求出图 3-36 中各力在 x 轴和 y 轴上的投影。已知 $F_1=100N$、$F_2=50N$、$F_3=80N$、$F_4=150N$，各力的方向如图所示。

图 3-33 思考题 4 图

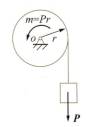

图 3-34 思考题 5 图

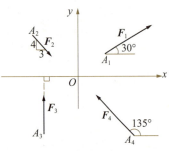

图 3-36 练习题 1 图

2. 起吊双曲拱桥的拱肋时，在图 3-37 所示的位置成平衡，试用解析法求钢索 AB 和 AC 的拉力。设 G=30 kN。

3. 支架由杆 AB、AC 构成，A、B、C 三处都是铰链，在 A 点悬挂重量为 G=20kN 的重物，试用解析法求图 3-38（a）、（b）所示两种情况下，杆 AB、AC 所受的力（杆的自重不计）。

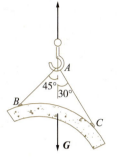

图 3-37　练习题 2 图

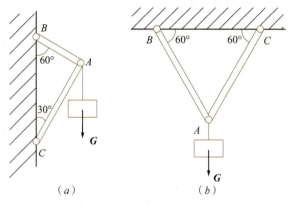

图 3-38　练习题 3 图

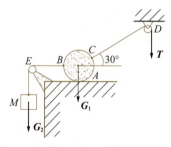

图 3-39　练习题 4 图

4. 小球重 G_1=100 N，置于光滑的水平面上，受力情况如图 3-39 所示。当小球处于平衡时，用解析法求拉力 **T** 和平面对小球的约束反力 **N**。已知物体 M 重 G_2= 150 N。

5. 如图 3-40 所示，用一组绳索悬挂一物体，求各绳的拉力。已知物体的自重 G =10kN。

6. 计算下列各图中（图 3-41）力 **P** 对 O 点的矩。

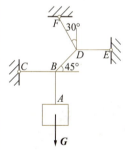

图 3-40　练习题 5 图

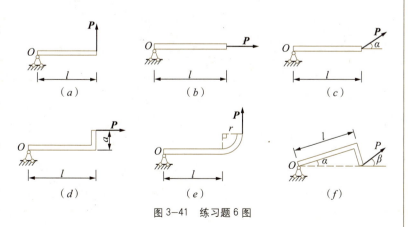

图 3-41　练习题 6 图

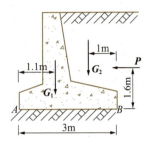

图 3-42 练习题 7 图

7. 如图 3-42 所示，已知挡土墙重 G_1=70kN，垂直土压力 G_2=115 kN，水平土压力 P=85 kN，试分别求此三力对前趾 A 点的矩，并验算此挡土墙会不会倾覆。

8. 用以下不同方法求图 3-43 所示力 P 对 O 点的矩。

(1) 用力 P 计算；

(2) 用力 P 在 A 点的两分力计算；

(3) 用力 P 在 B 点的两分力计算。

9. 四个直径为 10mm 的小滑轮装在板上，两根绳子通过滑轮用 P=200N，F=350N 的力拉住，如图 3-44 所示，求作用在板上的合力偶矩（图中尺寸单位为 mm）。

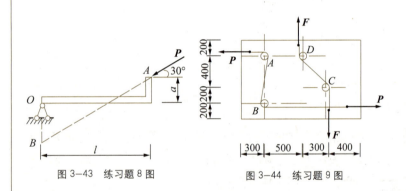

图 3-43 练习题 8 图　　　　图 3-44 练习题 9 图

10. 求图 3-45 所示各梁的支座反力。

11. 求图 3-46 所示刚架的支座反力。

12. 如图 3-47 所示一个三角形支架的受力情况，已知 P=10kN，q=2kN/m，求铰链 A、B 处的约束反力。

13. 求图 3-48 所示多跨梁的支座反力。

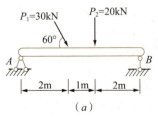

(a)

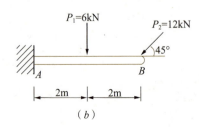

(b)

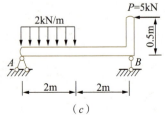

(c)

图 3-45 练习题 10 图

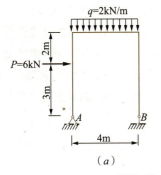
(a)

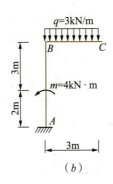
(b)

图 3-46 练习题 11 图

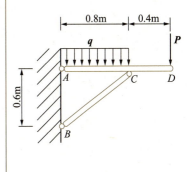

图 3-47 练习题 12 图

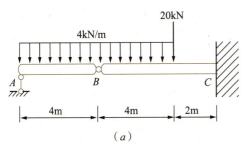
(a)

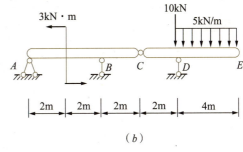
(b)

图 3-48 练习题 13 图

活动

一、活动一

活动步骤 1：

让学生分成几个小组，每组同学采用橡皮条、滑轮、砝码等工具做如下小实验：如图 3-49（a）所示，橡皮条 GE 在两个力 F_1 和 F_2 的共同作用下,沿着直线 GC 伸长 EO 这样的长度,图 3-49（b）表示撤去 F_1 和 F_2，用一个力 F 作用在橡皮条上，使橡皮条沿着相同的直线伸长相同的长度。力 F 对橡皮条产生的效应跟力 F_1 和 F_2 共同作用产生的效应相同，所以力 F 等于 F_1 和 F_2 的合力（每组同学可采用不同的 F_1 和 F_2）。

活动步骤 2：

请同学们验算——合力与分力的关系。

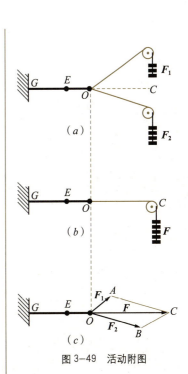

图 3-49 活动附图

合力 F 与分力 F_1、F_2 有什么关系呢？在力 F_1 和 F_2 的方向上各作线段 OA 和 OB，根据选定的标度，使它们的长度分别表示力 F_1 和 F_2 的大小，如图 3-49（c）所示。以 OA 和 OB 为邻边作平行四边形 $OACB$。量出这个平行四边形的对角线 OC 的长度，根据同样的标度，请同学们对比该对角线 OC 的长度是否等于合力 F 的大小。

二、活动二

首先请同学们将一枚钉子用铁锤钉入一块木板当中，然后使用铁锤将钉子从木板当中拔出来，从而体会力矩的作用。

单元 4
直杆轴向拉伸和压缩

在房屋建筑工程中，经常遇到这样一些构件，如图 4-1（a）所示屋架的弦、腹杆，图 4-1（b）所示房屋的砖柱，图 4-1（c）所示起重架的杆 AC 和 BC。这些杆件虽然外形各有差异，但它们拥有一个共同的特点，即作用于杆件上的外力（或外力合力）的作用线与杆轴线重合，杆件的变形是沿轴线方向的伸长或缩短。这种变形形式称为轴向拉伸或压缩。这种在力的作用下产生轴向拉伸或压缩的杆件称为拉杆或压杆（图 4-2）。

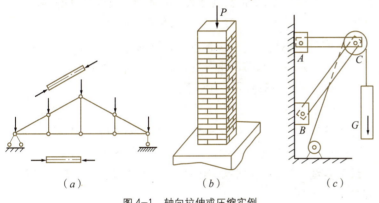

图 4-1 轴向拉伸或压缩实例

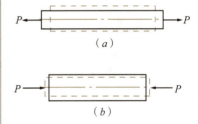

图 4-2 轴向拉伸或压缩
(a) 轴向拉伸；(b) 轴向压缩

本单元中，我们将通过学习直杆的轴向拉伸和压缩解决以下问题：
> 杆件的四种基本变形是什么？
> 如何运用"截面法"计算杆件的内力？
> 杆件横截面"正应力"如何计算？
> 如何运用"强度条件"进行杆件的截面强度校核？
> 纵向变形和横向变形有何区别？

4.1 杆件变形的基本形式

学习目标

理解工程中常见的四种基本变形的受力和变形特点；*了解工程中构件的组合变形是基本变形的叠加。

4.1.1 杆件及其分类

构件的形状可以是多种多样的。土木工程力学主要研究对象

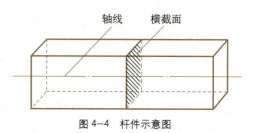

图 4-4 杆件示意图

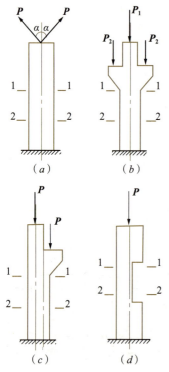

图 4-3 受力、外形各异的柱

想一想：

图 4-3 所示各杆 1—1、2—2 两截面间哪些属于轴向拉伸？哪些属于轴向压缩？

是杆件。**所谓杆件，是指长度远大于其他两个方向尺寸的构件**（图 4-4）。如房屋中的梁、柱及屋架中的各根杆等等。

杆件的形状和尺寸可由横截面和轴线两个主要几何元素来描述。横截面是与杆长方向垂直的截面，而轴线是各横截面形心的连线。横截面与杆轴线是互相垂直的。

轴线是直线时的杆件称为直杆（图 4-5a、c），轴线是曲线时则称为曲杆（图 4-5b、d）；各横截面都相同的杆件称为等截面杆（图 4-5a、b），各横截面不相同的杆件称为变截面杆（图 4-5b、d）。**轴线为直线，且各横截面都相同的杆件称为等截面直杆，简称等直杆**（图 4-5a）。

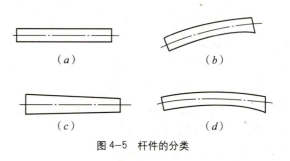

图 4-5 杆件的分类

后面我们讲到的杆件均指等直杆。

4.1.2 杆件变形的基本形式

作用在杆件上的外力是多种多样的，因此，杆件的变形也是多种多样的，通常可归纳为以下四种基本变形形式。

1. 轴向压缩或拉伸

在一对大小相等、方向相反、作用线与杆件轴线重合的外力作用下，杆件将发生沿轴线方向的伸长或缩短。这种变形称为轴

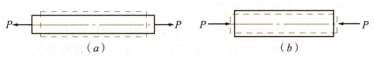

图 4-6 轴向拉伸或压缩
(a) 轴向拉伸；(b) 轴向压缩

向拉伸(图 4-6a)或轴向压缩(图 4-6b)。工程中，屋架的弦杆和腹杆、起重机的吊索以及施工中用来支承模板的支撑等都属于轴向拉伸或压缩的杆件。

2. 剪切

在一对相距很近、大小相等、方向相反、作用线垂直于杆轴线的外力（称横向力）作用下，杆件的横截面将沿外力作用方向发生错动，这种变形形式称为剪切(图 4-7)。工程中，许多构件的连接采用螺栓、销钉、铆钉等，这种连接件的变形就是剪切变形。

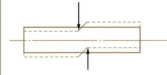

图 4-7 剪切

3. 扭转

在一对大小相等、转向相反、作用面与杆轴线垂直的外力偶作用下，杆的任意两横截面将发生相对转动，而轴线仍维持直线，这种变形形式称为扭转(图 4-8)。工程中，悬臂板式雨篷的梁、折线或曲线梁、框架边梁和厂房吊车梁、机械的传动轴等均为受扭构件。

图 4-8 扭转

4. 弯曲

杆件受到垂直于杆轴的外力（横向力）作用或在纵向平面内受到力偶作用，杆件的轴线由直线弯曲成曲线，这种变形形式称为弯曲(图 4-9)。弯曲是工程中最常见的变形形式，如框架梁、楼（屋）面梁、楼（屋）面板、楼梯等都是典型的受弯构件。

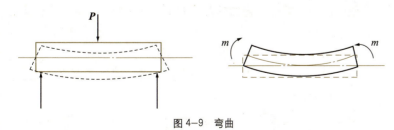

图 4-9 弯曲

想一想：
你的教室里有哪些构件是杆件？它们的受力有何特点？发生了哪一种基本变形或组合变形？

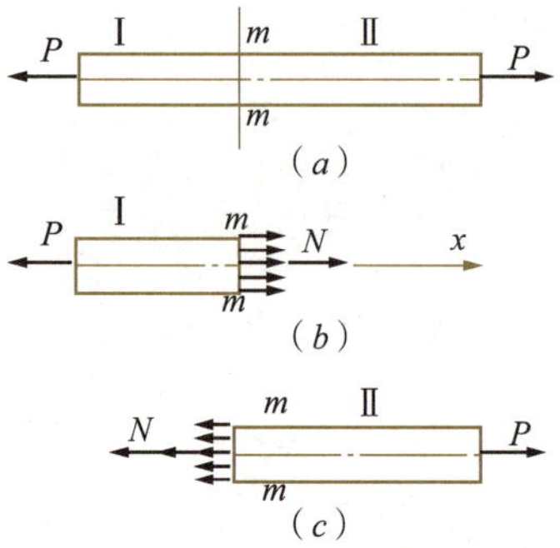

图 4-10 截面法求内力示意图

*4.1.3 组合变形的概念

工程中，杆件可能同时承受不同形式的荷载而发生复杂的变形，但都可看作是四种基本变形的组合。我们把**由两种或两种以上基本变形组成的复杂变形叫做组合变形**。工程中，挡土墙、工业厂房的牛腿柱、屋架上的檩条均是组合变形构件。

4.2 直杆轴向拉、压横截面上的内力

学习目标

了解轴力的概念；了解轴力正负号的规定；掌握计算内力的基本方法——截面法，能计算轴力，会绘制轴力图。

4.2.1 用截面法计算轴力

工程实践中，为保证结构中的各构件都能安全正常地工作，要求构件具有足够的**抵抗破坏的能力**，即具有足够的**强度**；同时，还要求构件具有足够的**抵抗变形的能力**，使构件在荷载作用下不发生过大的变形而影响使用，即具有足够的**刚度**。分析构件的强度、刚度问题，首先要对构件的内力进行分析。

什么是内力呢？日常生活中，当我们用手拉长一根橡皮条时，会感到在橡皮条内有一种反抗拉长的力。手拉的力越大，橡皮条被拉伸得越长，它的反抗力也越大。这种在橡皮条内产生的反抗力就是橡皮条的内力。**内力是在外力作用下，杆件内部相连两部分之间为抵抗变形所产生的相互作用力。**

假想用一截面将杆件沿需求内力处截开，将杆件分成两部分（图 4-10a），取其中一部分为研究对象，再利用静力平衡条件求解截面内力（图 4-10b、c）。这种方法称为截面法。

截面法是计算各种内力的基本方法，在后面的学习中我们会经常用到。

用截面法求内力，包括以下四个步骤：

第一步：截开——在需要求内力处，用一假想截面将杆件截开，分成两部分。

第二步：取脱离体——取假想截面任一侧的一部分为脱离体（注：为简化计算，最好取外力较少的一侧为脱离体）。

第三步：画受力图——画出所取脱离体部分的受力图（注：截面上的内力方向最好按正方向假设）。

第四步：列平衡方程——根据脱离体的受力图，建立平衡方程，由脱离体上的已知外力来计算截面上的未知内力。

现以图 4-11（a）所示拉杆为例确定杆件任一横截面 mm 上的内力。运用截面法，将杆沿截面 mm 截开，取左段为研究对象（图 4-11b）。考虑左段的平衡，根据二力平衡公理，可知截面 mm 上的内力必是与杆轴相重合的一个力 N，且由平衡条件 $\sum X=0$ 可得 N=P，其指向背离截面。若取右段为研究对象，如图 4-11（c）所示，同样可得出相同的结果。

这种**作用线与杆轴线相重合的内力**，称为轴力，用符号 N 表示。

当杆件受拉伸长时，轴力的方向背离截面，称为拉力；当杆件受压缩短时，轴力的方向指向截面，称为压力。通常规定：**拉力为正，压力为负**。

轴力的单位：牛顿（N）或千牛顿（kN）。

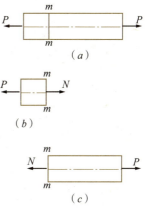

图 4-11 截面法求轴力示意图

【例 4-1】 杆件承受两个以上的轴向外力作用时，称为多力杆。求多力杆各段的轴力，仍用截面法。杆件受力如图 4-12（a）所示，在力 P_1、P_2、P_3 作用下处于平衡。已知 P_1=6kN，P_2=5kN，P_3=1kN，求杆件 AB 和 BC 段的轴力。

【解】

（1）求 AB 段的轴力

用 1-1 截面在 AB 段内将杆截开，取左段为隔离体（图 4-12b），以 N_1 表示截面轴力，并假定为拉力，写出平衡方程

$$\sum X=0, \quad N_1-P_1=0$$

所以　　　　　　　　$N_1=P_1=6\text{kN}$（拉力）

结果为正号，说明假设方向与实际方向相同，AB 段轴力为拉力。

（2）求 BC 段的轴力

用 2-2 截面在 BC 段内将杆截开，取左段为隔离体（图 4-12c），以 N_2 表示截面轴力，并假定为拉力，写出平衡方程

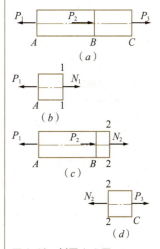

图 4-12 例题 4-1 图

$$\sum X=0, \quad N_2 + P_2 - P_1 = 0$$

得
$$N_2 = P_1 - P_2 = (6-5)\text{ kN} = 1\text{ kN}$$

结果为正号，说明假设方向与实际方向相同，BC 段轴力为拉力。

若取右段为隔离体(如图4-12d)，写出平衡方程

$$\sum X=0, \quad -N_2 + P_3 = 0$$

得
$$N_2 = P_3 = 1\text{ kN}$$

结果与取左段为隔离体一样。因此，**为了简化计算，通常取外力较少的一侧为隔离体。**

注意：

(1) 在计算杆件内力时，**不能随意使用力的可传性和力偶的可移性原理，这些原理只有在分析力和力偶对物体的运动效果时才适用，而在分析物体的变形时就不能用。**例如图4-13(a)所示杆件，在 A、B 两点分别受拉力 P_1、P_2 作用，杆为拉杆，杆件将伸长，其轴力为拉力。但若将力 P_1、P_2 沿其作用线分别移到 B、A 两点(图4-13b)，则杆件将变成受压而缩短，轴力也变为压力。可见外力使物体产生内力和变形，不但与外力大小有关，而且与外力的作用位置及作用方式有关。

(2) 假想截面不能设在外力作用点处。

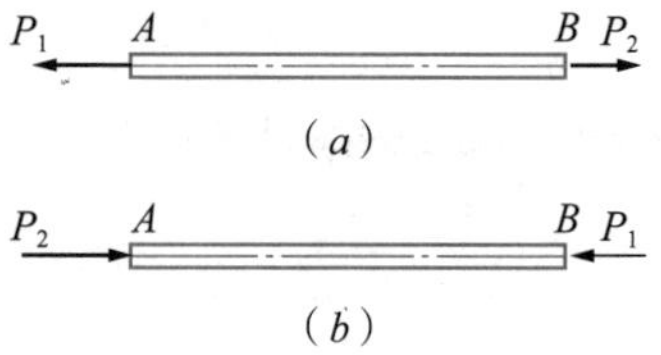

4.2.2 轴力图的绘制

1. 什么是轴力图

为了形象地表明杆的轴力随横截面位置变化的规律，通常以平行于杆轴线的坐标表示横截面的位置，以垂直于杆轴线的坐标表示横截面上的轴力，并按适当比例将轴力随横截面位置变化的情况画成图形。这种**表明沿杆长各横截面轴力变化规律的图形称为轴力图。**轴力图可以形象地表示轴力沿杆长变化情况，明显地找到最大轴力所在位置和数值。

2. 轴力图的绘制方法

轴力图一般都应与受力图对正。

第一步：**用截面法求出各段杆的轴力。**

图 4-13 力的可传性示意图

想一想：

1. 两根材料不同、截面面积不同的杆，在同样的轴向拉力作用下，它们的内力是否相同？

2. 直杆 AB 的 B 端受轴向拉力 P 的作用（图4-14a），若将力 P 移到截面 C 如图4-14(b)所示，对支座反力有无影响？对直杆 AB 的内力有无影响？

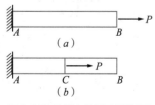

图 4-14 作用力位置不同的两杆

第二步：**画轴力图**。首先绘基线（指与杆件轴线平行且等长的直线），基线上的点表示杆件相应截面的位置；然后用垂直于基线方向的坐标表示相应截面的轴力，其长短应按一定比例来表示轴力的大小；正轴力（拉力）绘在基线的上方，标⊕号；负轴力（压力）绘在基线的下方，标⊖号。最后还要标注图名、单位。

【**例 4-2**】 杆件受力如图 4-15（a）所示，已知 P_1=20kN，P_2=30kN，P_3=10kN，试画出杆的轴力图。

【**解**】

由该杆的受力特点，可知它的变形是轴向拉压，其内力是轴力。

第一步：用截面法计算各段杆的轴力（一般应先由杆件的整体平衡条件求出支座反力，但对于这类**具有自由端的杆件**，往往**取含自由端的一段为脱离体**，这样可以免求支座反力）。

AB 段：用 1-1 截面在 AB 段内将杆截开，取左段为隔离体（如图 4-15c），以 N_1 表示截面轴力，并假定为拉力，列出平衡方程

$$\sum X=0, \quad N_1+P_1=0$$

所以　　　　　$N_1=-P_1=-20$kN（压力）

负号表示且 AB 段轴力 N_1 实际为压力。

BC 段：同理（图 4-15d），列出平衡方程

$$\sum X=0, \quad N_2+P_1-P_2=0$$

得　　$N_2=-P_1+P_2=(-20+30)$kN=10kN（拉力）

正号表示 BC 段轴力 N_2 实际为拉力。

CD 段：同理（图 4-15e），列出平衡方程

$$\sum X=0, \quad N_3+P_1-P_2+P_3=0$$

得　　$N_3=-P_1+P_2-P_3=(-20+30-10)$ kN=0kN

CD 段轴力 N_3 为零。

第二步：画轴力图。

首先，绘一条与杆轴平行等长的基线；然后用垂直于基线方向的坐标表示相应截面的轴力，其长短应按一定比例来表示轴力的大小；正轴力（拉力）绘在基线的上方，标⊕号；负轴力（压力）

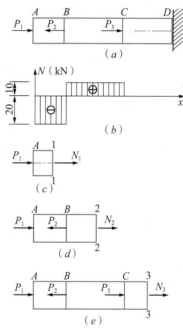

图 4-15 例题 4-2 图

绘在基线的下方，标 ⊖ 号。最后还要标注图名、单位，如图 4-15（b）所示。

由图 4-15（b）可知绝对值最大的轴力发生在 AB 段，其值为

$$|N|_{max}=20\text{kN}$$

【例 4-3】试画出 4-16（a）所示钢筋混凝土柱子的轴力图（不考虑自重）。

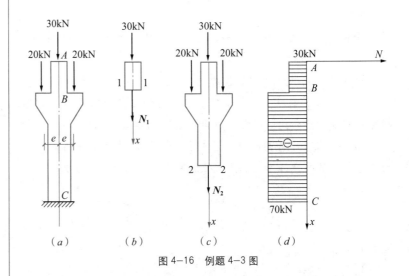

图 4-16　例题 4-3 图

【解】
因为该柱各部分尺寸和荷载都对称，所以合力作用线通过柱轴线，可将其看成是多力作用下的轴向受压构件，内力为轴力。

第一步：用截面法计算各段杆的轴力。

AB 段：用 1-1 截面在 AB 段内将柱截开，取上段为隔离体（图 4-16b），以 N_1 表示截面轴力，并假定为拉力，列出平衡方程

$$\sum Y=0,\ N_1+30=0$$

所以　　　　　　$N_1=-30$ kN（压力）

负号表示且 AB 段轴力 N_1 实际为压力。

BC 段：同理（图 4-16c），列出平衡方程

$$\sum X=0,\ N_2+30+20+20=0$$

得 $N_2=-(20+20+30)$ kN$=-70$kN（压力）

负号表示 BC 段轴力 N_2 实际为压力。

第二步：画轴力图。

首先，绘一条与杆轴平行等长的基线；然后用垂直于基线方向的坐标表示相应截面的轴力，其长短应按一定比例来表示轴力的大小；正轴力（拉力）绘在基线的上方，标⊕号；负轴力（压力）绘在基线的下方，标⊖号。最后还要标注图名、单位。如图 4-16（d）所示。

由图 4-16（d）可知，绝对值最大的轴力，发生在 BC 段，其值为

$$|N|_{max}=70\text{kN}$$

4.3 直杆轴向拉、压的正应力

通过实验演示，理解正应力在横截面上的分布规律；能应用公式计算正应力。

由截面法求出的内力实际是整个截面上分布内力的合力。只知道内力合力的大小，还不能判断杆件是否会因强度不足而破坏。例如，图 4-17 所示两根材料相同而粗细不同的等直杆，在同样的外力作用下，细杆一定比粗杆先拉断。为什么呢？这是因为两根杆件的截面面积不同，在相同的内力作用下，单位面积上的分布内力的大小也不相同。截面小的杆件，单位面积上承受的内力大，当然先于粗杆破坏。由此可知，要判断杆的强度问题，还必须知道内力在横截面上分布的密集程度。通常将**内力在一点处的分布集度称为应力**。

应力 **P** 是一个矢量，既有大小又有方向。通常情况下，它与截面既不垂直也不相切。在工程实际问题中，常常将它分解为垂直于截面和相切于截面的两个分量，如图 4-18 所示。**与截面垂直的应力分量称为正应力**，用符号 σ 表示；**与截面相切的应力分量称为剪应力**，用符号 τ 表示。轴心拉、压杆中仅作用有正应力，剪应力为 0。

应力在横截面上的分布不能直接观察到，但应力与内力有关，

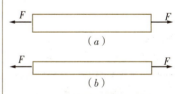

图 4-17 两根截面不同的杆

想一想：
重力是外力还是内力？内力与应力之间有什么关系？

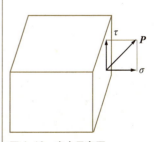

图 4-18 应力示意图

内力与变形有关。因此，我们可以从分析变形入手，通过变形的几何条件来推测出应力的分布。

4.3.1 正应力在横截面上的分布规律

取一等直杆进行实验，观察其变形情况。为便于观察分析，在杆件表面画出一些垂直于杆轴线的横线和平行于杆轴的纵线（图4-19a）。然后施加一对轴向拉力 P（图4-19b），使杆件发生拉伸变形。可以观察到：①所有横线都发生了平移，但仍垂直于杆轴，只是相对距离增大了。②所有纵向线也发生了平移，但仍平行于杆轴，只是伸长了。根据这一现象，可以对轴向拉（压）杆的变形作出如下假设：

变形前为平面的截面，变形后仍为平面。这个假设称为平面假设。

根据平面假设，横截面上各点的变形是相同的，也就是说横截面上各点的分布内力是相同的，且方向垂直于横截面。由此可得结论：**轴向拉伸时，杆件横截面上各点处只产生正应力，且正应力在横截面上均匀分布。**

4.3.2 正应力公式及适用条件

根据上面的结论，拉、压杆横截面上的应力计算公式为

$$\sigma = \frac{N}{A} \qquad (4-1)$$

式中　σ——横截面上的正应力，单位为 Pa 或 MPa；
　　　N——横截面上的轴力，单位为 N 或 kN；
　　　A——杆件横截面面积，单位 m^2。

当杆件受轴向压缩时，式（4-1）同样适用。正应力的正负符号规定为：**拉应力为正，压应力为负**。计算时只需将轴力代数值代入公式即可。

根据式（4-1）可知，正应力公式必须符合以下两个条件，才可适用：

（1）杆件必须是等截面直杆。否则，截面上的应力分布将是不均匀的。

（2）外力（或外力的合力）作用线必须与杆轴线相重合。

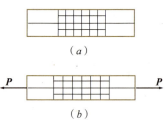

图 4-19 轴向拉杆截面上的变形

想一想：
两根轴力相同、截面面积相同而截面形状和材料不同的拉杆，它们的正应力是否相同？

【例 4-4】 图 4-20（a）所示等截面直杆，截面为 50mm×50mm，试求杆上各段横截面上的正应力。

【解】
（1）绘出该杆的轴力图（图 4-20b）。
（2）由式（4-1）计算杆上各段横截面上的正应力。
AB 段内任一横截面上的正应力

$$\sigma_{AB} = \frac{N_{AB}}{A} = \frac{-40 \times 10^3}{50 \times 50} = -16 \text{ MPa}$$

BC 段内任一横截面上的正应力

$$\sigma_{BC} = \frac{N_{BC}}{A} = \frac{5 \times 10^3}{50 \times 50} = 2 \text{ MPa}$$

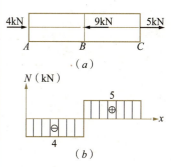

图 4-20 例题 4-4 图

【例 4-5】 图 4-21（a）所示三角形支架。AB 杆为钢制圆杆，直径 $d=18$mm，BC 杆为正方形截面木杆，边长 $a=80$mm，已知 $P=16$kN，求各杆横截面上的正应力（不计杆件自重）。

【解】
由于 AB、BC 杆两端为铰接，且不计自重，故均为二力杆，即为轴向拉压杆。

（1）计算各杆轴力
取节点 B 为隔离体（图 4-21b），列平衡方程：

$$\sum X = 0 \quad -N_{AB}\cos 60° - N_{BC} = 0$$

$$\sum Y = 0 \quad N_{AB}\sin 60° - P = 0$$

得

$$N_{AB} = \frac{P}{\sin 60°} = \frac{16}{0.866} = 18.48 \text{kN （拉力）}$$

$$N_{BC} = -N_{AB}\cos 60° = -18.48 \times \cos 60° = -9.24 \text{kN （压力）}$$

（2）求各杆正应力

AB 杆：横截面面积 $A_{AB} = \frac{\pi}{4}d^2 = \frac{\pi}{4} \times 18^2 = 254.34 \text{mm}^2$

$$\sigma_{AB} = \frac{N_{AB}}{A_{AB}} = \frac{18.48 \times 10^3}{254.34} = 72.66 \text{MPa （拉应力）}$$

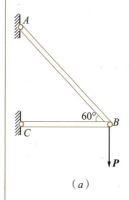

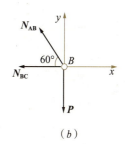

图 4-21 例题 4-5 图

BC 杆：横截面面积 $A_{BC}=a^2=80^2=64\times 10^2\text{mm}^2$

$$\sigma_{BC}=\frac{N_{BC}}{A_{BC}}=\frac{-9.24\times 10^3}{64\times 10^2}=-1.44\text{MPa}\quad（压应力）$$

4.4 直杆轴向拉、压的强度计算

学习目标

了解许用应力的概念；理解强度条件，*会运用强度条件解决实际工程中的强度校核、截面设计和确定许用荷载问题。

4.4.1 直杆轴向拉、压的强度条件

在建筑工地上，起吊构件是常见的事情。起吊较重的构件用钢丝绳而不用麻绳，其原因是钢丝绳的强度比麻绳高。材料强度的高、低是材料本身的属性，例如钢材比木材的强度高。

由前面轴向拉（压）杆横截面上的正应力公式可知，其横截面上的正应力为 $\sigma=\dfrac{N}{A}$，由于这是拉（压）杆件工作时**由荷载引起的应力，故又称工作应力**。它随外力的增加而增加。对于某种材料制成的杆件而言，工作应力的增加是有限度的，当工作应力超过一定的限度，杆件就要破坏。我们把**材料破坏时的应力称为极限应力**，用 σ_u 表示。不同材料的 σ_u 值是不同的。

为保证构件安全正常工作，不致发生破坏，必须给杆件以必要的安全储备。工程上，通常将**极限应力 σ_u 除以大于 1 的安全系数 n**，作为材料允许承受的最大应力值，称为材料的许用应力，用 $[\sigma]$ 表示，即

$$[\sigma]=\frac{\sigma_u}{n} \tag{4-2}$$

式中 n 称为安全系数，其数值由规范规定。

为了保证拉压杆不致因强度不足而破坏，应使其最大工作应力 σ_{max} 不超过材料的许用应力 $[\sigma]$，即

$$\sigma_{\max} = \frac{N}{A} \leq [\sigma] \quad (4\text{-}3)$$

上式称为轴向拉（压）杆的强度条件。

式中　$\sigma_{\max}$——危险截面上的最大工作应力；

　　　N——危险截面上的轴力；

　　　A——危险截面的横截面面积；

　　　$[\sigma]$——材料的许用应力。

产生最大工作应力的截面称为危险截面，显然，对于等截面直杆，轴力最大的截面就是危险截面；对轴力不变而截面变化的杆，则截面面积最小的截面就是危险截面。

想一想：
在拉（压）杆中，轴力最大的截面一定是危险截面，这种说法对吗？为什么？

*4.4.2　直杆轴向拉、压的强度条件的应用

应用强度条件式（4-3），可以解决工程实际中有关杆件强度的三类问题：

1. 强度校核

已知杆件的材料、截面尺寸和所受荷载（即已知 $[\sigma]$、A、N），杆件的强度是否满足要求可由下式判定：

$$\sigma_{\max} = \frac{N}{A} \leq [\sigma] \quad (4\text{-}4)$$

若满足上式，则杆件满足强度条件；若 $\sigma_{\max} > [\sigma]$，则杆件强度不满足要求，杆件不安全。

2. 截面设计

已知杆件的材料和所受荷载（即已知 $[\sigma]$、N），则杆件所需要的横截面面积 A 可由下式计算：

$$A \geq \frac{N}{[\sigma]} \quad (4\text{-}5)$$

在确定截面面积后，可根据截面形状，求出有关尺寸。

3. 确定许用荷载

已知杆件的材料、截面形式（即已知 $[\sigma]$、A），则杆件所能承受的最大轴力可由下式计算：

$$N_{\max} = [N] \leq A[\sigma] \quad (4\text{-}6)$$

再由此轴力建立其与外荷载之间的关系式，即可求许用荷载。

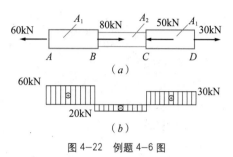

图 4-22 例题 4-6 图

【例 4-6】 一钢制直杆受力如图 4-22（a）所示，已知 $[\sigma]=160\text{MPa}$，$A_1=300\text{mm}^2$，$A_2=140\text{mm}^2$，试校核此杆的强度。

【解】

（1）运用截面法计算出杆件各段的轴力，并作出轴力图，如图 4-22（b）所示。

（2）计算杆件各段的正应力，并根据式（4-3）校核强度。由于本题杆件为变截面、变轴力，所以应分段计算。

AB 段：

$$\sigma_{AB} = \frac{N_{AB}}{A_1} = \frac{60 \times 10^3}{300}\text{MPa} = 200\text{MPa} > [\sigma]=160\text{MPa}$$

BC 段：（受压）

$$\sigma_{BC} = \frac{N_{BC}}{A_2} = \frac{20 \times 10^3}{140}\text{MPa} = 143\text{MPa} < [\sigma]=160\text{MPa}$$

CD 段：

$$\sigma_{CD} = \frac{N_{CD}}{A_1} = \frac{30 \times 10^3}{300}\text{MPa} = 100\text{MPa} < [\sigma]=160\text{MPa}$$

由于 AB 段不能满足强度条件，所以杆件不满足强度要求。

【例 4-7】 如图 4-23 所示一轴心受压柱的基础，已知柱底（基础顶面）的轴心压力 $P=600\text{kN}$，基础埋深 $d=2\text{m}$，基础和填土的平均重度 $\gamma_G=20\text{kN/m}^3$，地基土的许用压力用 f_a 表示，$f_a=200\text{kN/m}^2$，试确定基础底面尺寸。

【解】

图 4-23 所示为阶梯形基础，所受荷载包括由柱底传来的轴心压力 P、基础自重和基础上的回填土重。由于基础截面具有对

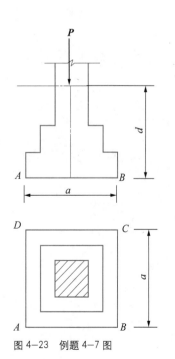

图 4-23 例题 4-7 图

称性，且土压力均匀作用在阶梯面上，故基础自重和基础上的回填土重 G 也通过基础轴线。于是，可将基础看做是承受轴向压力作用的阶梯形构件，可用轴向压杆强度计算相似的方法进行计算。

（1）计算基础底面 $ABCD$ 处（图4-23）的轴向压力 N。

由平衡条件 $\sum Y=0$ 得

$$N=P+G$$
$$G=\gamma_G Ad$$

式中 A 为基础底面面积。

于是，基础底面轴向压力 $N=P+\gamma_G Ad$

（2）设计基础底面尺寸。

为了保证建筑物的安全，基础底面的压力不得超过地基土的许用压力 f_a，否则，会由于地基的破坏而引起建筑物的破坏。因此，相应的强度条件可表示为

$$\sigma = \frac{P+G}{A} \le f_a$$

即 $P+\gamma_G dA \le f_a A$

也即 $A \ge \dfrac{P}{f_a - \gamma_G d}$

代入数据 $P=600\text{kN}$，$f_a=200\text{kN/m}^2$，$\gamma_G=20\text{kN/m}^3$，$d=2\text{m}$，得

$$A \ge \frac{600}{200-20\times 2} = 3.75\text{m}^2$$

如采用正方形截面，则基础底面边长

$$a = \sqrt{A} = \sqrt{3.75} = 1.94\text{m}（取 a=2\text{m}）$$

【例4-8】图4-24(a)所示支架，杆①的容许应力 $[\sigma]_1=100\text{MPa}$，杆②的容许应力 $[\sigma]_2=160\text{MPa}$，两杆截面面积均为 $A=200\text{mm}^2$，试求许用荷载 $[P]$。

【解】

（1）计算杆的轴力

取结点 C 为隔离体（图4-24b），列平衡方程：

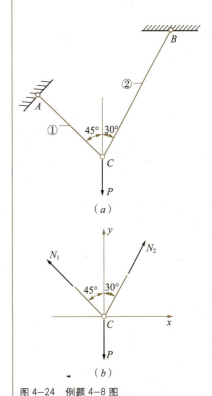

图4-24 例题4-8图

$$\sum X=0 \quad N_2\sin 30°-N_1\sin 45°=0$$
$$\sum Y=0 \quad N_2\cos 30°+N_1\cos 45°-P=0$$

得　　　$N_1=0.518P$　　$N_2=0.732P$

（2）计算容许荷载

先由杆①的强度条件求杆①所能承受的容许荷载 $[P]$，杆①所能承受的容许轴力

$$N_{1\max}=[N_1]=A[\sigma]_1=200\times 100\text{N}=20\times 10^3\text{N}=20\text{kN}$$

而　　　　　　　$[N_1]=0.518[P]$

所以　　　$[P]=\dfrac{[N_1]}{0.518}=\dfrac{20}{0.518}\text{kN}=38.6\text{kN}$

再根据杆②的强度条件计算杆②所能承受的容许荷载 $[P]$，杆②所能承受的容许轴力

$$N_{2\max}=[N_2]=A[\sigma]_2=200\times 160\text{N}=32\times 10^3\text{N}=32\text{kN}$$

而　　　　　　　$[N_2]=0.732[P]$

所以　　　$[P]=\dfrac{[N_2]}{0.732}=\dfrac{32}{0.732}\text{kN}=43.7\text{kN}$

比较由杆①、②求出的容许荷载，取其小值。所以支架所能承受的许用荷载为 $[P]\leqslant 38.6\text{kN}$。

*4.5　直杆轴向拉、压的变形

学习目标

了解弹性变形、塑性变形、纵向变形和横向变形的概念，了解胡克定律的两种形式。

作用在杆件上的荷载，既会使杆件截面上产生应力，同时也使杆件产生变形。因此，杆件仅满足强度条件，只能说杆件是安全的，但杆件变形过大，势必会影响杆件的正常使用。因此必须研究杆件在荷载作用下所产生的变形大小，并将其控制在规范规

定的范围之内。

杆件在外力作用下将会产生两种不同性质的变形：一种是**弹性变形，即变形随外力的消除而消失**；另外一种是塑性变形，**即变形不会随外力的消除而全部消失**。在这里，我们只学习弹性变形。

4.5.1 纵向变形和横向变形

（1）纵向变形

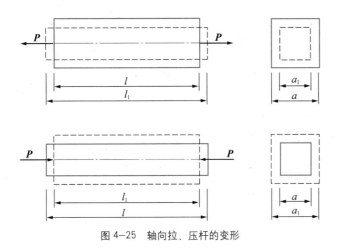

图 4-25 轴向拉、压杆的变形

在轴向力的作用下，杆件的长度将发生纵向伸长或缩短（如图 4-25），这种**杆件长度的改变量称为纵向变形，用 ΔL 表示**。设杆件变形前长为 L，变形后长为 L_1，则杆件的纵向变形为

$$\Delta l = l_1 - l \qquad (4-7)$$

拉伸时，纵向变形是伸长，规定为正；压缩时，纵向变形是缩短，规定为负。其单位是米（m）或毫米（mm）。

纵向变形 Δl 只反映杆件的总变形，而无法反映杆件的变形程度，由于杆件各段的变形是均匀的，所以**用单位长度的纵向变形量（即纵向线应变 ε，简称线应变）来反映杆件的变形程度**。即

$$\varepsilon = \frac{\Delta l}{l} \qquad (4-8)$$

【小资料】

胡克是17世纪英国最杰出的科学家之一。他在力学、光学、天文学等诸多方面都有重大成就。他所设计和发明的科学仪器在当时是无与伦比的。他本人被誉为英国皇家学会的"双眼和双手"。

胡克在力学方面贡献尤为卓著。胡克在1679年给牛顿的信中正式提出了引力与距离平方成反比的观点，但他并没有将自己的引力思想如牛顿所作的那样用数学式子表示出来，并用太阳、地球、月亮和地球上物体的运动实例来加以验证。因此，把发现万有引力定律的殊荣让给了牛顿，但胡克的某些想法对牛顿完成万有引力的研究是起着积极的启示作用的。

弹性定律是胡克最重要的发现之一，也是力学最重要基本定律之一。在现代，仍然是物理学的重要基本理论。

由式（4-7）、(4-8)可知，当杆件受轴向拉力时 Δl、ε 均为正值，而受轴向压力时 Δl、ε 均为负值。

（2）横向变形

轴向拉压杆件在产生纵向变形的同时，横向尺寸也随之改变（图4-25），这种**横向尺寸的改变量称为横向变形**。设杆件的原始横向尺寸为 a，受到一对轴向拉（压）力 P 的作用后，其横向尺寸变为 a_1，则杆件的横向变形为

$$\Delta a = a_1 - a \quad (4-9)$$

则杆件的横向线应变 ε' 为

$$\varepsilon' = \frac{\Delta a}{a} \quad (4-10)$$

由式（4-9）、(4-10)知，当杆件受轴向拉力时 Δa、ε' 均为负值；而受轴向压力时 Δa、ε' 均为正值。**Δl 与 Δa、ε 与 ε' 的正负符号刚好相反。**

实验证明，当杆件应力不超过某一限度时，横向线应变与纵向线应变比值的绝对值是一常数。此比值称为横向变形系数或泊松比，用 μ 表示。

$$\mu = \left| \frac{\varepsilon'}{\varepsilon} \right| \quad (4-11)$$

μ 是一个无量纲的量，各种材料的 μ 值可由实验测定。

4.5.2 胡克定律

实验表明，当杆件的应力不超过某一限度时，其纵向变形 Δl 与轴力 P、杆长 l 和横截面积 A 之间存在以下比例关系

$$\Delta l \propto \frac{Pl}{A}$$

引入比例常数 E，并注意到，在内力不变的杆段中，$N=P$，则可将上式改写为

$$\Delta l = \frac{Nl}{EA} \quad (4-12)$$

式（4-12）称为**胡克定律，表明当杆件应力不超过某一限度时，其纵向变形与轴力及杆长成正比，与横截面面积成反比。**

若将 $\varepsilon = \dfrac{\Delta l}{l}$，$\sigma = \dfrac{N}{A}$ 代入式（4-11），则可得胡克定律的另一种表达式，即

$$\sigma = E \cdot \varepsilon \qquad (4\text{-}13)$$

式（4-13）表明：**当杆件的应力不超过某一限度时，应力与应变成正比。**

比例常数 E 称为材料的弹性模量。表示材料抵抗弹性变形的能力。其值随材料而异，可由实验确定。单位与应力单位相同。

由式 (4-12) 知，纵向变形 Δl 与 EA 成反比，EA 值愈大，纵向变形 Δl 愈小，所以 EA 反映杆件抵抗拉伸（压缩）变形的能力，称之为抗拉（压）刚度。它表明：对于杆件长度相等，受力相同的拉（压）杆，其抗拉（压）刚度愈大，其变形就愈小。

注意：①胡克定律只适用于杆内应力未超过某一限度的情况，此限度称为比例极限；②在应用胡克定律时，当杆件的横截面积变化或杆件上各段的轴力不同（图4-26），应分段计算，然后叠加，即

$$\Delta l = \sum \dfrac{N_i l_i}{EA_i} \qquad (4\text{-}14)$$

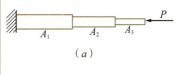

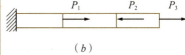

图 4-26 变截面、变轴力杆

【例 4-9】 一等直钢杆受力如图 4-27（a）所示，材料的弹性模量 $E=210$ GPa，试计算：（1）各段的伸长值；（2）各段的线应变；（3）杆件总伸长值。

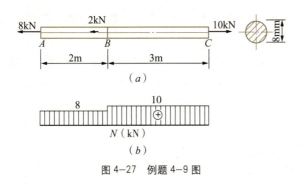

图 4-27 例题 4-9 图

【解】
作出轴力图，如图4-27（b）所示。
（1）求各段的伸长值
根据式(4-12)，得
AB段的伸长值：

$$\Delta l_{AB} = \frac{N_{AB} \cdot l_{AB}}{EA} = \frac{8 \times 10^3 \times 2 \times 10^3}{210 \times 10^3 \times \frac{\pi \times 8^2}{4}} \text{mm} = 1.52 \text{mm}$$

BC段的伸长值：

$$\Delta l_{BC} = \frac{N_{BC} \cdot l_{BC}}{EA} = \frac{10 \times 10^3 \times 3 \times 10^3}{210 \times 10^3 \times \frac{\pi \times 8^2}{4}} \text{mm} = 2.84 \text{mm}$$

（2）求各段的线应变
根据式(4-8)，得
AB段的线应变：

$$\varepsilon_{AB} = \frac{\Delta l_{AB}}{l_{AB}} = \frac{1.52}{2 \times 10^3} = 7.6 \times 10^{-4}$$

BC段的线应变：

$$\varepsilon_{BC} = \frac{\Delta l_{BC}}{l_{BC}} = \frac{2.84}{3 \times 10^3} = 9.47 \times 10^{-4}$$

（3）杆件总伸长为

$$\Delta l = \Delta l_{AB} + \Delta L_{BC} = (1.52 + 2.84)\text{mm} = 4.36\text{mm}$$

【例4-10】 图4-28（a）为一正方形截面砖柱，上段柱边长为240mm。下段柱边长为370mm。荷载F=40kN，材料的弹性模量$E=3 \times 10^3$MPa，不计自重，试求：（1）各段的线应变；（2）柱顶A点的位移。

【解】
作出轴力图，如图4-28(b)所示。

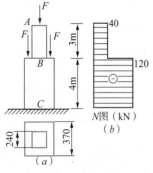

图4-28 例题4-10图

（1）求各段线应变

各段的线应变也可由胡克定律的第二种表达式，即 $\sigma=E\cdot\varepsilon$ 来求，此时应先计算出各段的应力，再代入 $\varepsilon=\dfrac{\sigma}{E}$ 求 ε。

AB 段：

$$\sigma_{AB}=\dfrac{N_{AB}}{A_{AB}}=\dfrac{-40\times10^3}{240\times240}\text{MPa}=-0.694\text{MPa}$$

$$\varepsilon_{AB}=\dfrac{\sigma_{AB}}{E}=\dfrac{-0.694}{3\times10^3}=-2.31\times10^{-4}$$

BC 段：

$$\sigma_{BC}=\dfrac{N_{BC}}{A_{BC}}=\dfrac{-120\times10^3}{370\times370}\text{MPa}=-0.877\text{MPa}$$

$$\varepsilon_{BC}=\dfrac{\sigma_{BC}}{E}=\dfrac{-0.877}{3\times10^3}=-2.92\times10^{-4}$$

（2）求柱顶 A 点的位移

柱顶 A 点的位移等于上、下两段柱的总纵向变形值（总缩短值），上、下两段柱的纵向变形值亦可由 $\varepsilon=\dfrac{\Delta l}{l}$ 来求，即 $\Delta l=\varepsilon\cdot l$，则

AB 段的纵向变形值：

$$\Delta l_{AB}=\varepsilon_{AB}\cdot l_{AB}=-2.31\times10^{-4}\times3\times10^3\text{mm}=-0.69\text{mm}$$

BC 段的纵向变形值：

$$\Delta l_{BC}=\varepsilon_{BC}\cdot l_{BC}=-2.92\times10^{-4}\times4\times10^3\text{mm}=-1.17\text{mm}$$

柱顶 A 点的位移：

$$\Delta l_{AC}=\Delta l_{AB}+\Delta l_{BC}=(-0.69-1.17)\text{mm}=-1.86\text{mm}（向下）$$

4.6 工程中的应用

学习目标

能运用直杆轴向拉伸与压缩的知识，对工程中的构件进行定性分析；*了解动荷载作用对轴向受拉构件的影响。

4.6.1 工程中常见轴向拉、压构件的定性分析

受压构件是土木工程中应用最广泛的构件之一，常见的例子就是柱，例如房屋的柱、桥梁的桥墩等。按组成材料，受压构件可分为混凝土受压构件、砌体受压构件、钢受压构件、木受压构件等类型。按纵向力作用线与构件轴线的关系，受压构件可分为轴心受压构件和偏心受压构件；偏心受压构件又可分为单向偏心受压构件和双向偏心受压构件（图4-29）。

由截面法可知，轴心受压构件截面只有一种内力——轴力，且为压力，如图4-28。

桁架是土木工程中应用较广泛的一种结构型式。图4-30（a）是南京长江大桥主体桁架结构，图4-30（b）是美国明尼阿波利联邦储备银行大楼顶部转换层桁架，图4-30（c）为一混凝土屋架结构。工程中的桁架一般由钢构件连接而成，有时也用钢筋混凝土构件或木构件按一定方式组装而成，是一种能够跨越大跨度的结构形式。

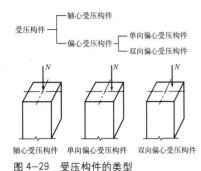

图4-29 受压构件的类型

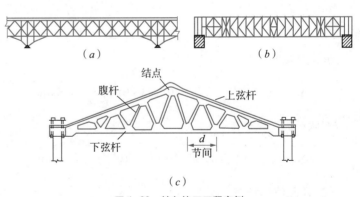

图4-30 轴向拉压工程实例

桁架是由杆件组成的，当荷载只作用在结点上时，从桁架上任意取出一根杆件BD（图4-31a），画出受力图（图4-31b），可知BD杆只在两端受力，此二力平衡，满足二力平衡条件，因此BD杆只受轴力作用，这种杆称为二力杆。**理想桁架结构中的杆件都是二力杆，只承受轴力作用，其轴力可能是拉力也可能是压力。**

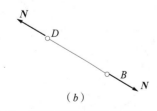

图4-31 桁架荷载图和杆件受力图

图 4-32 零杆示意图

由于桁架杆为二力杆,取一个结点为隔离体时,力系为平面汇交力系;当取出桁架的一部分(至少含有两个结点)为隔离体时,其力系构成平面一般力系。由静力平衡条件可以判断它是拉杆还是压杆。通常情况下,桁架的上弦杆为压杆,下弦杆为拉杆。

桁架中有时会出现**轴力为零的杆,称为零杆**。在计算桁架时,如首先找出所有的零杆,可简化计算。以下两种情况时杆件为零杆:

(1) 结点仅有两根不共线的杆件,在无外力作用时,这两杆均为零杆。如图 4-32(a)、(b)所示。

(2) 三杆结点上,无外力作用时,若其中两杆在同一直线上,则两杆内力相等,第三杆必为零杆,如图 4-32(c)所示。

利用以上结论,可以看出图 4-33 中虚线杆为零杆。

*4.6.2 动荷载作用对轴向受拉构件的影响

杆件所承受的荷载有静荷载和动荷载之分。所谓静荷载,是指荷载由零缓慢增加到最终值并在以后保持不变或变动很小的荷载。在静荷载作用下,杆件内各点的加速度等于零或可忽略不计,杆件处于静止或做匀速直线运动状态,是平衡的。**若杆件在荷载作用下具有明显的加速度,这种荷载就叫做动荷载。在动荷载作用下,杆件产生的应力叫做动荷应力。**

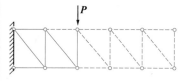

图 4-33 桁架零杆实例示意图

工程中的许多问题都属于动荷载问题。例如加速起吊重物、重锤打桩等。现用起重机以匀加速起吊构件为例,来说明构件作匀加速直线运动时动荷轴力、应力、变形计算方法及影响。

吊车以匀加速度 a 提升重物,如图 4-34(a)所示。重物的重量为 G,钢索的横截面面积为 A,求钢索中的应力。

应用截面法将钢索沿 m-m 截开,取下半部分为隔离体,受力情况如图(4-34b)所示。N_d 为钢索的拉力,G 为物体的重力。运用动静法,假想加上重物的惯性力,其大小为 $F'\left(F' = \dfrac{G}{g}a\right)$ 方

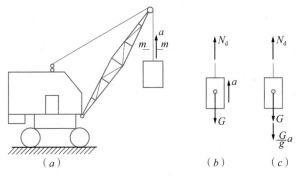

图 4-34 吊车匀加速起吊

向与加速度方向相反（图 4-34c）。此时重物处于形式上的平衡状态，由平衡方程

$$\sum Y = 0 \quad N_d - G - \frac{G}{g}a = 0$$

得

$$N_d = G\left(1 + \frac{a}{g}\right) \quad (4\text{-}15)$$

引进系数 $K_d = 1 + \dfrac{a}{g}$，K_d 称为动荷系数

则

$$N_d = K_d G \quad (4\text{-}16)$$

即**动荷轴力等于静荷轴力乘以动荷系数**。当 $a=0$ 时，$K_d=1$，即动荷轴力等于静荷轴力。

钢索中的动应力为：$\sigma_d = \dfrac{N_d}{A} = \dfrac{G}{A}\left(1 + \dfrac{a}{g}\right)$，式中 $\sigma_{st} = \dfrac{G}{A}$ 是静荷载 G 在钢索中产生的应力，称为静应力，所以上式也可写成：

$$\sigma_d = \sigma_{st} \cdot K_d \quad (4\text{-}17)$$

即**动荷应力等于静荷应力乘以动荷系数**。

同理，动荷伸长 Δl_d 也等于静荷伸长 Δl_{st} 乘以动荷系数 K_d，即

$$\Delta l_d = \Delta l_{st} \cdot K_d \quad (4\text{-}18)$$

结论：**在动荷载作用下，轴向受拉构件的内力、应力、变形都大于静荷载作用的数值**，且随加速度的增大而增大。所以，在施工过程中要避免紧急刹车或突然起吊，以减小动荷系数。

思考

1. 简述轴向拉（压）杆的受力特点和变形特点。
2. 什么是轴力？轴力的正负符号是如何规定的？
3. 什么是轴力图？简述绘制轴力图的方法。
4. 指出下列概念的区别：
   （1）内力和应力；
   （2）工作应力、极限应力和许用应力；
   （3）弹性变形和塑性变形。
5. 胡克定律有几种表达形式？其适用条件是什么？

练习

1. 试计算图 4-35 所示杆件指定截面的轴力。
2. 试绘制图 4-36 所示杆件的轴力图。

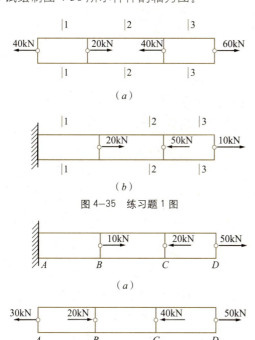

图 4-36 练习题 2 图

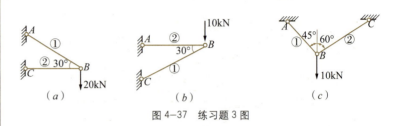

图 4-37　练习题 3 图

3. 试计算图 4-37 所示结构中各杆的轴力。

4. 混凝土桥墩要承受 400kN 的轴向压力，桥墩的截面为 400mm×600mm，许用应力 $[\sigma]$=6MPa，试校核其强度。

5. 用绳索起吊管子如图 4-38 所示。若构件重 W=10kN，绳索的直径 d=40mm，许用应力 $[\sigma]$=10MPa，试校核绳索的强度。绳索的直径为多少将更经济？

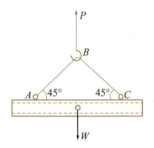

图 4-38　练习题 5 图

6. 图 4-39 所示支架中，荷载 P=100kN，杆①为圆形截面钢杆，其许用应力 $[\sigma]_1$=150MPa；杆②为正方形截面木杆，其许用应力 $[\sigma]_2$=4MPa。试确定钢杆的直径 d 和木杆截面的边长 a。

7. 在图 4-40 所示结构中，杆①的截面面积 A_1=600mm^2，材料的许用应力 $[\sigma]_1$=160MPa；杆②的截面面积为 A_2=900mm^2，材料的许用应力 $[\sigma]_2$=100MPa。试求结构的许用荷载。

8. 钢杆长 l=2m，截面面积 A=200mm^2，受到拉力 P=32kN 的作用，钢杆的弹性模量 E=10^{5}MPa。试计算钢杆的伸长量 Δl。

9. 拉伸实验时，钢筋的直径 d=10mm，在标距 l=120mm 内伸长了 0.06mm，问此时试样内的应力是多少？实验机的拉力又是多少？

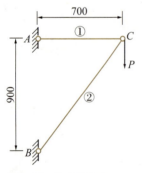

图 4-39　练习题 6 图

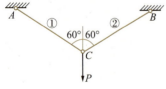

图 4-40　练习题 7 图

活动

以校园内的某一根柱为对象：（1）实测柱的长度、截面宽度和截面高度，印证杆件的概念；（2）结合实际情况，分析该柱受到哪些外力的作用？有何特点？在这些外力作用下，柱的变形属于哪一种？（3）若需求柱内某一截面的内力，采用何种方法？如何求之？（4）假设该柱为等截面直杆，它的最危险截面应在何处？

单元 5　直梁弯曲

图 5-1　肋形楼盖

图 5-2　城市高架桥

梁是最常见的承重结构构件，几乎所有的工程结构中都有它的身影。房屋中的楼盖（图 5-1）、城市中的高架桥（图 5-2）等，它们的水平承重构件都是梁。

本单元中，我们将通过学习解决以下问题：

> 什么是梁？工程中常见的梁有哪些形式？
> 梁的内力有哪些？如何用截面法求解梁的内力？
> 什么是梁的剪力图、弯矩图？如何利用规律绘制梁的内力图？
> 对称截面上梁的正应力分布有什么规律？如何运用正应力强度条件解决工程实际中基本构件的强度校核？
> 简单荷载作用下梁的最大挠度在什么位置？影响最大挠度所在位置的因素有哪些？
> 如何运用直梁弯曲知识初步解决工程中的实际问题？

5.1　梁的形式

学习目标

理解梁的概念；了解工程中常见梁的形式，并会绘制其计算简图。

5.1.1　什么是梁

分析肋形楼盖、城市高架桥中主要水平承重构件——梁的受力特点，可以看出它们所承受的外力都是作用线垂直于杆轴线的平衡力系（有时还包括力偶），如图 5-3（a）所示。在这些

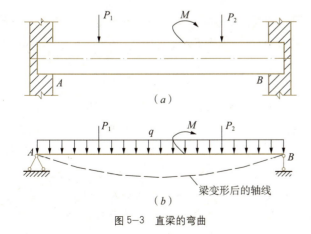

图 5-3　直梁的弯曲

外力作用下，杆的轴线由直线变成曲线（图 5-3b），这种变形即称为弯曲。工程中将**以弯曲变形为主的构件称为梁，而轴线为直线的梁称之为直梁**。

一般情况下，工程中的梁都有一根竖向对称轴，且截面尺寸沿梁的轴线方向是不变的，梁的截面对称轴与梁轴线所构成的平面叫做纵向对称平面（图 5-4）。如果**梁上的所有外力均作用在纵向对称平面内，当梁变形时，其轴线即在该纵向平面内弯曲成一条平面曲线，这种弯曲称为平面弯曲**。平面弯曲是一种最简单、常见的弯曲。本单元中我们将主要学习等截面直梁平面弯曲的知识。

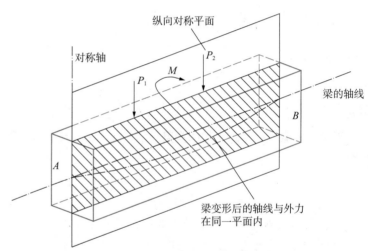

图 5-4 梁的平面弯曲示意图

工程中最常用的直梁的截面形式有矩形、工字形、T 形、倒 T 形及花篮形等几种（图 5-5）。

5.1.2 梁的形式

如前面所讲，本单元中我们学习的主要是等截面直梁，且外力均作用在梁的纵向对称平面内。房屋建筑中的梁实际结构很复杂，完全根据实际结构计算很困难，有时甚至不可能，工程中常将实际结构进行简化，抓住主要特点，略去次要细节，用一个简化的图形来代替实际结构，这种图形称为计算简图。因此，在梁的计算简图中就用梁的轴线代表梁，作用在梁上的外力是一个平

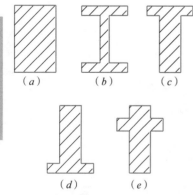

图 5-5 梁的截面形式
(a) 矩形；(b) 工字形；(c) T 形；
(d) 倒 T 形；(e) 花篮形

面力系。工程中常见的单跨静定梁按支座情况划分有下列三种基本形式：

1. 简支梁：梁的一端为固定铰支座，另一端为可动铰支座，计算简图为图5-6(a)。
2. 外伸梁：支座形式与简支梁相同，但一端或两端伸出支座的梁，计算简图为图5-6(b)、(c)。
3. 悬臂梁：一端为固定端，另一端为自由端的梁，计算简图为图5-6(d)。

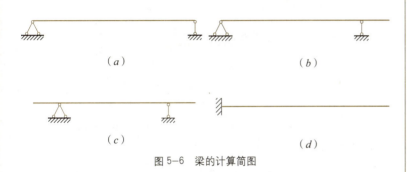

图5-6 梁的计算简图

5.2 梁的内力

理解剪力、弯矩的概念，了解其正负号规定；*通过截面法求剪力、弯矩，了解剪力与弯矩的计算规律，并能运用规律计算梁指定截面的内力。

在学习新的知识前，我们回顾一下前面所学的轴向拉（压）杆的内力是什么？计算内力的基本方法是什么？计算思路又是什么样的呢？

5.2.1 剪力、弯矩的概念

为了解决梁的强度和刚度问题，首先应确定梁在外力作用下任一横截面上的内力。当作用在梁上的全部外力（包括荷载和支座反力）均为已知时，同样可采用计算轴向拉（压）内力的基本方法—截面法，根据这些已知的外力即可求出梁的内力。

【静定梁】

单元7中我们将对此作详细介绍，这里我们先引入这个概念。静定梁有一个特点，就是它的支座反力可以由平面力系的三个平衡方程求出。

想一想：
上述三种形式梁的支座反力都可以由平面力系的平衡方程求出吗？你所看到的梁还有哪些形式？它们的支座反力也都可相应求出吗？

【小资料】

举世瞩目的世博会将在上海召开，极富中国建筑文化特色的中国馆以"斗冠"造型以及覆以"叠篆文字"的外立面，将无数国人对世博会的憧憬和梦想寄托在了独特的建筑语言之中。以"东方之冠"为构思主题，表达了中国文化的精神与气质，其设计理念可以概括为："东方之冠，鼎盛中华，天下粮仓，富庶百姓。"其中"冠"正是由很多根悬挑梁，通过层叠出挑的构造方式组合而成的（图5-7）。

图5-7 中国馆

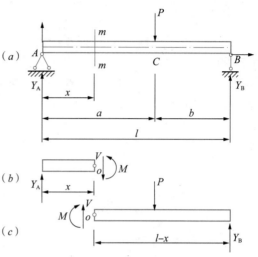

图 5-8 集中力作用下简支梁的内力

我们以图 5-8(a) 所示的承受集中力 P 作用的简支梁为例,来分析梁横截面上的内力。

设横截面 m-m 到左端支座 A 的距离为 x,由平衡条件求得支座 A、B 处的支座反力 $Y_A = \dfrac{Pb}{l}$,$Y_B = \dfrac{Pa}{l}$,指向均为上,然后用截面假想沿 m-m 处将梁截开为左、右两段,取左段梁为隔离体,见图 5-8(b)。由于梁是平衡的,截开后的每一段也应该是平衡的。从图 5-8(b) 中可看到梁上有支座反力 Y_A 作用,要使左段梁上不发生移动,在横截面 m-m 上必定有一个作用线与 Y_A 平行而指向与 Y_A 相反的内力与之平衡。设此力为 V,则有平衡方程

$$\sum Y = 0 \quad Y_A - V = 0$$

可得

$$V = Y_A = \dfrac{Pb}{l}$$

V 称为剪力,它实际上是梁横截面上切向分布内力的合力。剪力 V 的单位为牛顿 (N) 或千牛顿 (kN)。

同时,Y_A 对 m-m 截面的形心 O 将有一个矩,会引起左段梁沿 O 点顺时针转动,为使梁不发生转动,在截面上必须有一个与上述力矩大小相等、方向相反的力偶矩与之平衡。设此力偶矩为

M，则有平衡方程

$$\sum M_O = 0 \quad M - Y_A x = 0$$

可得

$$M = Y_A \cdot x = \frac{Pb}{l} x$$

M 称为弯矩，它实际上是梁横截面上的法向分布内力合成的一个拉力和一个压力组成的一力偶，其矩就是弯矩。弯矩 M 的单位为牛顿·米 (N·m) 或千牛顿·米 (kN·m)。

5.2.2 剪力、弯矩的正负号规定

为了使图 5-8 的简支梁在取左段梁或右段梁作为隔离体求得的同一截面 $m-m$ 上的剪力与弯矩在正负号上也能相同，在横截面 $m-m$ 处，从梁上取出一微段 dx，对剪力 V 与弯矩 M 的正负号规定如下：

1．剪力的符号：截面上的剪力 V 使所取的隔离体有顺时针方向转动趋势时规定为正号，是正剪力（图 5-9a）；反之规定为负号，是负剪力（图 5-9b）。

2．弯矩的符号：截面上的弯矩 M 使所取的隔离体产生向下凸的变形时，规定为正号，是正弯矩（图 5-9c）；产生向上凸的变形时，规定为负号，是负弯矩（图 5-9d）。

下面我们来举例说明用截面法求梁指定截面上的剪力和弯矩。

*5.2.3 用截面法求剪力、弯矩

用截面法计算指定截面上的剪力和弯矩的步骤如下：

1．计算支座反力；

2．用假想的截面在需求内力处将梁截成两段，取其中一段为隔离体；

3．画出隔离体的受力图（截面上的剪力和弯矩一般都先假设为正）；

4．建立平衡方程，求解内力。

下面我们就按上述方法和步骤来举例说明。

想一想：

图 5-8(c) 中，如果我们取右段梁为隔离体，根据平衡方程去求 V 和 M，结果一样吗？由此我们可以得到什么启示？

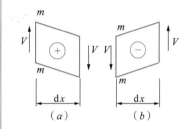

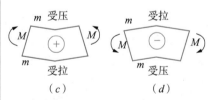

图 5-9 剪力和弯距的正负号规定

想一想：

按此规定，在图 5-8(b)、(c) 所示的横截面 $m-m$ 上的剪力与弯矩是正号还是负号？

【例 5-1】 图 5-10（a）所示的简支梁，P_1=10kN，P_2=25kN。试求 1-1 截面和无限接近于 D 点的 2-2 截面上的剪力与弯矩。

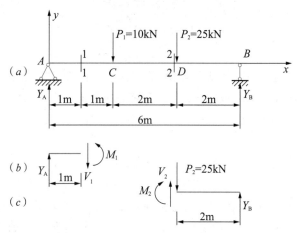

图 5-10　例题 5-1 图

【解】

（1）求支座反力

由梁的整体平衡条件

$$\sum M_B=0 \quad -Y_A\times 6+P_1\times 4+P_2\times 2=0$$

得

$$Y_A=\frac{P_1\times 4+P_2\times 2}{6}=\frac{10\times 4+25\times 2}{6}=15\text{kN}(\uparrow)$$

$$\sum M_A=0 \quad Y_B\times 6-P_1\times 2-P_2\times 4=0$$

得

$$Y_B=\frac{P_1\times 2+P_2\times 4}{6}=\frac{10\times 2+25\times 4}{6}=20\text{kN}(\uparrow)$$

校核

$$\sum Y=0$$

$$Y_A+Y_B-P_1-P_2=15+20-10-25=0$$

计算结果正确。

（2）求 1-1 截面的内力

取 1-1 截面以左梁段为隔离体，受力图如图 5-10(b)所示。由平衡方程

$$\sum Y=0 \quad Y_A-V_1=0$$

得 $V_1=Y_A=15\text{kN}$

$$\sum M_1=0 \quad -Y_A\times 1+M_1=0$$

得 $M_1=Y_A\times 1=15\times 1=15\text{kN·m}$

V_1、M_1 均为正值,说明与假设方向相同,是正剪力、正弯矩。

(3)求 2-2 截面的内力

取 2-2 截面以右梁段为隔离体,受力图如图 5-10(c) 所示。由平衡方程

$$\sum Y=0 \quad Y_B+V_2-P_2=0$$

得 $V_2=P_2-Y_B=25-20=5\text{kN}$

$$\sum M_2=0 \quad Y_B\times 2-M_2=0$$

得 $M_2=Y_B\times 2=20\times 2=40\text{kN·m}$

V_2、M_2 均为正值,说明与假设方向相同,是正剪力、正弯矩。

【例 5-2】如图 5-11(a) 所示的悬臂梁。试求 1-1 截面的剪力与弯矩。

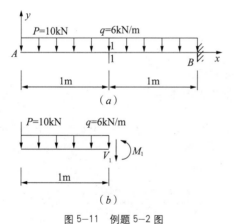

图 5-11 例题 5-2 图

【解】

取 1-1 截面以左梁段为隔离体,受力图如图 5-11(b) 所示。由平衡方程

$$\sum Y=0 \quad -P-q\times 1-V_1=0$$

想一想:

如果取 1-1 截面以右梁段为研究对象,如何绘制受力图?求解的结果和取 1-1 截面以左梁段为研究对象的是否相同?为什么?

想一想：

本题我们取1—1截面以左梁段为隔离体，省略了求支座反力，如果我们取1—1截面以右梁段为隔离体，该如何求解？从中我们得到什么启发？

得

$$V_1 = -P - q \times 1 = -10 - 6 \times 1 = -16 \text{kN}$$

$$\sum M_1 = 0 \quad P \times 1 - q \times 1 \times 0.5 + M_1 = 0$$

得

$$M_1 = -P \times 1 - q \times 1 \times 0.5 = -10 \times 1 - 6 \times 1 \times 0.5 = -13 \text{kN·m}$$

V_1、M_1 均为负值，说明与假设方向相反，是负剪力、负弯矩。

【**例 5-3**】如图 5-12(a) 所示的外伸梁。试求 1-1、2-2 截面的剪力与弯矩。

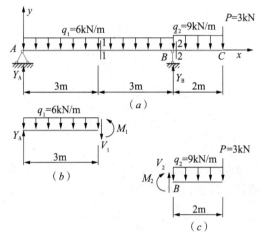

图 5-12 例题 5-3 图

【**解**】

（1）求支座反力

由梁的整体平衡条件

$$\sum M_B = 0 \quad -Y_A \times 6 + q_1 \times 6 \times 3 - q_2 \times 2 \times 1 - P \times 2 = 0$$

得

$$Y_A = \frac{q_1 \times 6 \times 3 - q_2 \times 2 \times 1 - P \times 2}{6}$$

$$= \frac{6 \times 6 \times 3 - 9 \times 2 \times 1 - 3 \times 2}{6} = 14 \text{kN}(\uparrow)$$

$$\sum M_A = 0 \quad Y_B \times 6 - q_1 \times 6 \times 3 - q_2 \times 2 \times 7 - P \times 8 = 0$$

得

$$Y_B = \frac{q_1 \times 6 \times 3 + q_2 \times 2 \times 7 + P \times 2}{6}$$

$$= \frac{6 \times 6 \times 3 + 9 \times 2 \times 7 + 3 \times 8}{6} = 43 \text{kN}(\uparrow)$$

校核 $\sum Y=0$

$Y_A+Y_B-6\times6-9\times2-3=14+43-36-18-3=0$

计算结果正确。

（2）求1-1截面的内力

取1-1截面以左梁段为隔离体，受力图如图5-12(b)所示。由平衡方程

$\sum Y=0 \quad Y_A-q_1\times3-V_1=0$

得 $V_1=Y_A-q_1\times3=14-6\times3=-4\text{ kN}$

$\sum M_1=0 \quad -Y_A\times3+q_1\times3\times1.5+M_1=0$

得 $M_1=Y_A\times3-q_1\times3\times1.5=14\times3-6\times3\times1.5=15\text{ kN}\cdot\text{m}$

V_1 为负值，说明与假设方向相反，是负剪力；M_1 为正值，说明与假设方向相同，是正弯矩。

（3）求2-2截面的内力

取2-2截面以右梁段为隔离体，受力图如图5-12(c)所示。由平衡方程

$\sum Y=0 \quad -P-q_2\times2+V_2=0$

得 $V_2=P+q_2\times2=3+9\times2=21\text{kN}$

$\sum M_2=0 \quad -M_2-q_2\times2\times1-P\times2=0$

得 $M_2=-q_2\times2\times1-P\times2=-9\times2\times1-3\times2=-24\text{kN}\cdot\text{m}$

V_2 为正值，说明与假设方向相同，是正剪力；M_2 为负值，说明与假设方向相反，是负弯矩。

*5.2.4 运用规律求剪力、弯矩

1. 剪力与弯矩的计算规律

从上述例题可以看出，用截面法计算横截面上的内力时，截面上的剪力和弯矩与作用在梁上的外力之间存在着以下关系：

（1）梁上任一截面的剪力，在数值上等于该截面一侧（左侧或右侧）所有外力沿截面方向投影的代数和；

（2）梁上任一截面的弯矩，在数值上等于该截面一侧（左侧或右侧）所有外力对截面形心力矩的代数和。

2. 运用规律计算梁指定截面的内力

根据前面所规定的内力正负号，在直接利用外力计算剪力时，凡截面左侧梁上所有向上的外力，或截面右侧梁上所有向下的外力均取正号，反之则取负号，即：**凡外力投影的方向与计算的剪力正方向相反者为正，相同时为负**；在直接利用外力计算弯矩时，凡截面左侧梁上外力对截面形心之矩为顺时针转动，或截面右侧梁上外力对截面形心之矩为逆时针转动均取正号，反之则取负号，即：**凡外力对该截面形心的力矩转向与弯矩正方向相反者取正号，相同者取负号**。这个规则可概括为"左上右下剪力为正，左顺右逆弯矩为正"。

利用上述结论，可使计算内力过程得到简化，省略取隔离体和列平衡方程的步骤，直接由外力写出所求的内力。

【例5-4】如图5-13所示的外伸梁。试求1-1、2-2截面的剪力与弯矩。

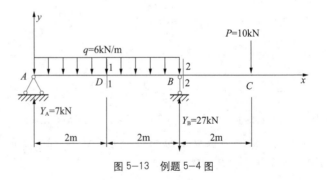

图 5-13 例题 5-4 图

【解】

（1）求支座反力

由梁的整体平衡条件

$$\sum M_B = 0 \qquad -Y_A \times 4 + 6 \times 4 \times 2 - 10 \times 2 = 0$$

得

$$Y_A = \frac{6 \times 4 \times 2 - 10 \times 2}{4} = 7 \text{kN}(\uparrow)$$

$$\sum M_A = 0 \quad Y_B \times 4 - 6 \times 4 \times 2 - 10 \times 6 = 0$$

得
$$Y_B = \frac{6 \times 4 \times 2 + 10 \times 6}{4} = 27\text{kN}(\uparrow)$$

校核
$$\sum Y = 0$$

$$Y_A - Y_B - 6 \times 4 - 10 = 7 + 27 - 24 - 10 = 0$$

计算结果正确。

（2）求 1-1 截面的内力

由 1-1 截面以左部分的外力直接可以写出

$$V_1 = Y_A - 6 \times 2 = 7 - 12 = -5\text{kN}$$
$$M_1 = Y_A \times 2 - 6 \times 2 \times 1 = 7 \times 2 - 12 = 2\text{kN·m}$$

V_1 为负值，说明与假设方向相反，是负剪力；M_1 为正值，说明与假设方向相同，是正弯矩。

（3）求 2-2 截面的内力

由 2-2 截面以右部分的外力直接可以写出

$$V_2 = P = 10\text{kN}$$
$$M_2 = -P \times 2 = -10 \times 2 = -20\text{kN·m}$$

V_2 为正值，说明与假设方向相同，是正剪力；M_2 为负值，说明与假设方向相反，是负弯矩。

想一想：
按照上述方法，是不是可以使我们在求解梁指定截面上的内力上得到简化和方便呢？请按上述方法直接求解例 5-1、例 5-2、例 5-3 梁指定截面上的内力。

5.3 梁的内力图

学习目标

了解剪力图、弯矩图的概念及其绘制规定；通过对简单荷载作用下梁的内力图的分析，总结出梁的内力图规律，能利用规律绘制梁的内力图，培养探索与创新精神。

5.3.1 剪力图、弯矩图的概念

工程中，为了计算梁的强度和刚度问题，除了要计算指定截面的剪力和弯矩外，更需了解剪力和弯矩沿梁轴线变化

的规律。从而找到梁内最大剪力和最大弯矩以及它们所在的截面位置。梁一般都在这些截面处破坏,这些截面称为梁的危险截面。

由上节例题可知,在一般情况下,梁横截面上的剪力和弯矩是随横截面位置而变化的。设横截面沿梁轴线的位置用坐标 x 表示,则梁的各个横截面上的剪力和弯矩可以表示为坐标 x 的函数,即

$$V=V(x), \quad M=M(x) \tag{5-1}$$

以上两式分别称为剪力方程和弯矩方程。

为表示剪力和弯矩在全梁范围内的变化规律,**取平行于梁轴线的横坐标为基线表示横截面位置,以垂直于梁轴线的剪力或弯矩为纵坐标,按一定比例画出的图形分别叫做剪力图和弯矩图。**

5.3.2 剪力图、弯矩图的绘制

绘制梁的剪力图、弯矩图的步骤和方法如下:

1. 建立 V-x 和 M-x 坐标。

一般取梁的左端作为 x 坐标的原点,以梁的轴线为水平基线,V 坐标向上为正,M 坐标向下为正。

2. 分段列出 $V(x)$ 和 $M(x)$ 方程。

根据梁上的荷载分布情况,用假想的截面在恰当的位置分段截取梁段并列出剪力和弯矩方程。

3. 作剪力图、弯矩图。

根据 $V(x)$ 和 $M(x)$ 方程作图,这也是数学中作函数 $y=f(x)$ 的图形所用的方法。绘图时将正值的剪力画在基线的上侧,并标明正号;负值的剪力画在基线的下侧,并标明负号。正弯矩画在基线下侧,负弯矩画在基线上侧,不注正负号。在土木工程中,习惯将各截面的弯矩画在受拉的一侧,而不注正负号,这与前述规定是一致的。

把弯矩图画在梁轴线受拉一侧的目的,是为了便于直观、准确判断梁哪一侧受拉,哪一侧受压。

下面我们来通过例题说明剪力图和弯矩图的画法。

【小资料】

混凝土的抗拉强度很低,而钢筋的抗拉强度很高。如常用的混凝土强度等级 C25,其抗拉强度设计值 f_t=1.27MPa,而常用的钢筋强度等级 HRB335 级,其抗拉强度设计值 f_y=300MPa。故在钢筋混凝土梁的设计中一般不考虑混凝土的抗拉作用,而是通过在受拉一侧配置纵向受拉钢筋来受力。

【例 5-5】 图 5-14(a) 所示一悬臂梁，在自由端受集中荷载 P 的作用，试作出该梁的剪力图与弯矩图。

【解】

（1）列剪力方程与弯矩方程

如图 5-14(a) 所示建立坐标体系。在距原点 A 为 x 处用一假想截面 m-m 将梁截开，取左段梁为隔离体，得到距原点 A 为 x 处截面的剪力方程和弯矩方程如下

$$V=V(x)=-P \qquad (0 \leq x \leq l) \qquad (a)$$

$$M=M(x)=-Px \qquad (0 \leq x \leq l) \qquad (b)$$

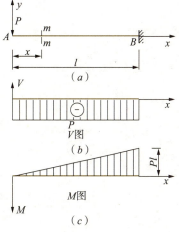

图 5-14 例题 5-5 图

（2）画剪力图与弯矩图

式 (a) 可知 $V(x)$ 为常数，表明梁各横截面上的剪力均相同，其值为 $-P$，所以剪力图为一条平行于 x 轴的直线（图 5-14b），并标明负号。

式 (b) 可知 $M(x)$ 为 x 的一次函数，所以弯矩图为一倾斜直线，只要确定直线上的两个点，就可以画出此直线。

当 $x=0$ 时 $\qquad M_A=0$

$\quad\;\; x=l$ 时 $\qquad M_b=-Pl$

由弯矩正负号规定，即可画出该梁的弯矩图（图 5-14c），不标注负号。

注意：

按照梁的剪力图、弯矩图的绘制方法和规则，以后我们在绘制剪力图、弯矩图时在图中可以不再绘制 V-x 和 M-x 坐标体系。

【例 5-6】 图 5-15(a) 所示一简支梁，在 C 点处受集中荷载 P 的作用，试作出该梁的剪力图与弯矩图。

【解】

（1）求支座反力

由平衡方程

$\sum M_B=0$，可知 $Y_A=\dfrac{Pb}{l}(\uparrow)$

$\sum M_A=0$，$\;Y_B=\dfrac{Pa}{l}(\uparrow)$

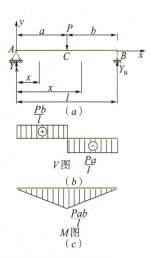

图 5-15 例题 5-6 图

（2）列剪力方程与弯矩方程

如图 5-15(a) 所示建立坐标体系。由于 C 截面处有集中力，使得 AC 段梁与 CB 段梁的内力方程不同，所以需分别列出。

AC 段　　　$V(x) = Y_A = \dfrac{Pb}{l}$　　$(0 \leqslant x \leqslant a)$　　(a)

$$M(x) = Y_A x = \dfrac{Pb}{l} x \quad (0 \leqslant x \leqslant a) \quad (b)$$

CB 段　　$V(x) = \dfrac{Pb}{l} - P = -\dfrac{P(l-b)}{l} = -\dfrac{Pa}{l}$　　$(a < x \leqslant l)$　　(c)

$$M(x) = \dfrac{Pb}{l} x - P(x-a) = \dfrac{Pa}{l}(l-x) \quad (a \leqslant x \leqslant l) \quad (d)$$

（3）画剪力图和弯矩图

由式 (a) 可知 $V(x)$ 为常数，表明 AC 段梁各横截面上的剪力均相同，其值为 $\dfrac{Pb}{l}$，所以剪力图为一条平行于 x 轴的直线。

由式 (c) 可知 $V(x)$ 为常数，表明 CB 段梁各横截面上的剪力均相同，其值为 $-\dfrac{Pa}{l}$，所以剪力图为一条平行于 x 轴的直线。

按此画出的剪力图如图 5-15(b)。

由式 (b) 可知 $M(x)$ 为 x 的一次函数，所以弯矩图为一倾斜直线，只要确定直线上的两个点，就可以画出此直线。

当 $x=0$ 时　　　　　$M=0$

　　$x=a$ 时　　　　$M=\dfrac{Pab}{l}$

由式 (d) 可知 $M(x)$ 为 x 的一次函数，所以弯矩图为一倾斜直线，只要确定直线上的两个点，就可以画出此直线。

当 $x=a$ 时　　　　　$M=\dfrac{Pab}{l}$

　　$x=l$ 时　　　　　$M=0$

按此画出的弯矩图如图 5-15(c)。

根据内力方程式作图，是绘制内力图的基本方法。其他简单梁在单一荷载作用下的内力图均可按上述方法一一作出，其内力图见表 5-1。

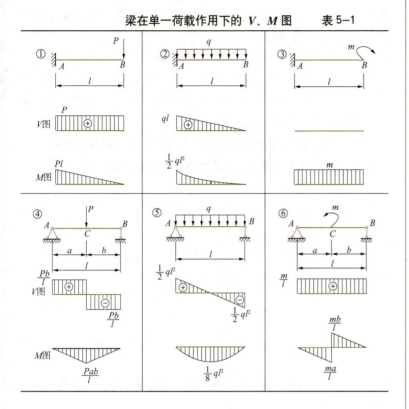

梁在单一荷载作用下的 V、M 图　　表5-1

想一想：
根据表5-1所示的简单梁在单一荷载作用下的内力图，梁内最大剪力和最大弯矩所在的截面位置发生在何处？有什么规律？

5.3.3　利用梁的内力图规律绘制内力图

从上面的例题中我们发现，通过建立剪力方程和弯矩方程，采用描点法来绘制梁的内力图的方法很复杂，不易掌握。下面我们来学习利用梁的内力图规律绘制内力图。

1. 梁的内力图规律

梁横截面上的弯矩 $M(x)$、剪力 $V(x)$ 及荷载集度 $q(x)$ 之间存在着一定联系，根据数学推导可以得出以下结论

$$\frac{\mathrm{d}V(x)}{\mathrm{d}x} = q(x) \qquad (5\text{-}2)$$

$$\frac{\mathrm{d}M(x)}{\mathrm{d}x} = V(x) \qquad (5\text{-}3)$$

$$\frac{\mathrm{d}^2 M(x)}{\mathrm{d}x^2} = q(x) \qquad (5\text{-}4)$$

式（5-2）~式（5-4）表明：**剪力 V 在某点对 x 的一阶导数值等于相应截面上的荷载集度。弯矩 M 在某点对 x 的一阶导数值**

等于相应截面上的剪力值。弯矩 M 在某点对 x 的二阶导数值等于相应截面上的荷载集度。

由数学知识我们可以知道，函数的一阶导数表示函数图形在某点处切线的斜率，二阶导数表示函数图形的切线斜率在该点处的变化率，可以用来判别图形的凹凸方向。这样，可得出在常见情况下的梁上荷载、剪力图和弯矩图三者间的关系。

(1) 在无荷载作用的段梁上，即 $q(x)=0$。其剪力图是一水平直线（即剪力 V 为常数）；弯矩图为一倾斜直线。其中

$V(x)=$ 常数 >0 时，M 图为一下斜直线 (\)；

$V(x)=$ 常数 <0 时，M 图为一上斜直线 (/)；

$V(x)=$ 常数 $=0$ 时，M 图为一水平直线 (—)。

(2) 当梁受均布荷载作用，即 $q(x)=$ 常数时，其剪力图为一斜直线；弯矩图为二次抛物线。其中

$q(x)=$ 常数 >0 时，V 图为一上斜直线 (/)，M 图为上凸抛物线 (⌒)；

$q(x)=$ 常数 <0 时，V 图为一下斜直线 (\)，M 图为下凸抛物线 (⌣)；

(3) 当 $V(x)=0$ 时，$M(x)$ 有极值。即在剪力等于零的截面上，弯矩具有极值（极大或极小）。

2. 利用规律绘制梁的内力图

我们可以将上述知识应用于绘制和校核梁的内力图。下面通过例题来说明。

【例 5-7】 图 5-16(a) 所示一简支梁，在 C 点和 D 点处受集中荷载 $P_1=20$kN、$P_2=10$kN 的作用，试作出该梁的剪力图与弯矩图。

【解】

(1) 求支座反力

$$\sum M_B=0，得 Y_A=16\text{kN}(\uparrow)$$

$$\sum M_A=0，得 Y_B=20\text{kN}(\uparrow)$$

校核 $\sum Y=0$

$$Y_A+Y_B-20-16=16+20-20-16=0$$

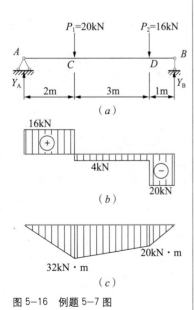

图 5-16 例题 5-7 图

计算结果正确。

（2）剪力图

AC 段：由于此段梁上无荷载，所以 V 图为水平直线，
根据 $V_A=V_{C左}=Y_A=16\text{kN}$，画出此段图形。

CD 段：由于此段梁上无荷载，所以 V 图为水平直线，
根据 $V_{C右}=V_{D左}=P_2-Y_B=16-20=-4\text{kN}$，画出此段图形。

DB 段：由于此段梁上无荷载，所以 V 图为水平直线，
根据 $V_{D右}=V_B=-Y_B=-20\text{kN}$，画出此段图形。

根据以上的定性分析及计算的剪力，即可作出全梁的剪力图（图 5-16b）。

（3）弯矩图

由于每段梁上的剪力均为常数，故每段梁的弯矩图均应为倾斜直线，因此须计算每段中两个横截面上的弯矩才能作图。为此，计算 A、C、D、B（图 5-16a）各点处截面上的弯矩。

运用剪力与弯矩的计算规律，可直接由外力写出所求截面处的弯矩，即

$$M_A=0$$
$$M_C=Y_A\times 2=16\times 2=32\text{kN}\cdot\text{m}$$
$$M_D=Y_B\times 1=20\times 1=20\text{kN}\cdot\text{m}$$
$$M_B=0$$

由于梁上无集中力偶作用，弯矩图无突变，故 M_C、M_D 为弯矩图在 C、D 处的共同数值。

根据以上的定性分析及计算的弯矩，即可作出全梁的弯矩图（图 5-16c）。

想一想：
我们还有什么简便方法来作梁的弯矩图和剪力图吗（提示：利用表 5-1 和叠加法原理，即结构在几个荷载共同作用下所引起的某一量值（支座反力、内力、应力、变形）等于各个荷载单独作用时所引起的该量值的代数和）。

5.4 梁的正应力及其强度条件

学习目标

通过试验，理解对称截面上的正应力分布规律；*理解非对称截面上的正应力分布规律；了解矩形和圆形截面二次矩、抗弯截面系数，了解正应力计算公式；能运用正应力强度条件解决工

程实际中基本构件的强度校核；* 能运用正应力强度条件解决工程实际中的截面设计问题和确定许用荷载。

5.4.1 梁截面上的正应力分布规律

梁发生弯曲时，一般情况下截面上同时作用有弯矩 M 和剪力 V，这两种内力对应的梁截面上的应力分别是：与弯矩对应的正应力 σ 和与剪力对应的剪应力 τ。本节主要分析与弯矩对应的正应力 σ 的分布规律。

1. 对称截面的正应力分布规律

如图 5-17(a) 所示一矩形截面简支梁 AB，受两个对称集中力 P 的作用，该梁的剪力图和弯矩图分别如图 5-17(b)、(c) 所示。从内力图上可以看到 CD 段内各横截面上剪力为零，弯矩为常数（$M=Pa$），所以横截面上没有剪应力而只有正应力，这种弯曲称为纯弯曲；而 AC、DB 段内有弯矩和剪力同时作用，横截面上既有正应力，又有剪应力，这种弯曲称为横力弯曲或剪切弯曲。

现取纯弯段 CD 部分来分析梁横截面上与弯矩对应的正应力分布规律。

（1）几何变形方面

为观察梁的变形情况，在梁变形之前，首先在梁的侧表面画一些与梁轴线 O_1O_2 平行的纵向线 ab、cd 及垂直梁轴线的横向线 mm、nn，如图 5-18(a)。在外力偶 M 的作用下，梁发生了弯曲，如图 5-18(b)。通过观察，在梁变形后从侧面看去，两条纵向线 ab、cd 已弯成弧线，而两条横向线 mm、nn 则仍为直线，并在相对旋转了一个角度后与两条弧线 ab、cd 仍保持正交。且靠近梁底面的纵线 cd 伸长了，而靠近梁顶面的纵线 ab 缩短了。根据上述变形的现象，可作出如下假设：**梁在受力弯曲后，其原来的横截面仍为平面，只是绕横截面上的某个轴旋转了一个角度，且仍垂直于梁变形后的轴线**。这就是梁在平面弯曲时的平面假设。

若设想梁由纵向纤维所组成，根据图 5-18(b) 可知，梁变形后上部纵向纤维缩短，下部纵向纤维伸长。由于变形的连续性，中间必有一层纵向纤维既不伸长也不缩短，此层纤维称为中性层，中性层与横截面的交线称为中性轴，如图 5-18(c) 所示。

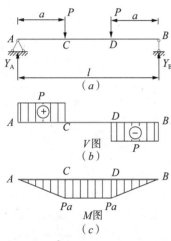

图 5-17 梁的内力图

想一想：
在实际工程中有没有发生纯弯曲的梁？为什么？

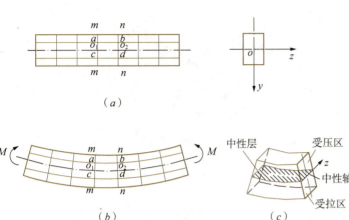

图 5-18 梁的纯弯曲试验

想一想：
单元 4 中，我们也使用了平面假设，与这里的假设有何异同？对于纯弯曲的梁，按照实验观察的结果，梁在平面弯曲时的实际情况是否符合平面假设吗？

(2) 梁的正应力分布规律

当梁在弹性范围变形时，梁的正应力分布规律是：**横截面上任一点处的正应力与该点到中性轴的距离成正比，而在距中性轴为 y 的同一横线上各点处的正应力相等。在中性轴上，各点的正应力为零，距中性轴最远处的点正应力最大**，如图 5-19 所示。

当梁上有横向力作用时，一般说来，横截面上既有正应力又有剪应力，如图 5-17(a) 中的 AC、DB 段梁，这是在弯曲问题中常见的情况。此时，由于剪应力的存在，将影响平面假设的正确性和截面上正应力的分布。但按弹性理论的方法进行分析得到的结果证明，在均布荷载作用下的矩形截面简支梁，其跨长与截面高度之比 l/h 大于 5 时，横截面上的最大正应力按照公式计算，其误差很小。故可推广到工程上常用的梁在横力弯曲时的情况。

*2. 非对称截面上的正应力分布规律

上面分析的是对称截面梁当外力作用在其纵对称面内发生平面弯曲时（图 5-4）其横截面上的正应力分布规律。对于在纯弯曲情况下的非对称截面梁（图 5-20），根据分析得知平面假设仍然适用。进一步分析可知，只要外力偶是作用在与梁的形心主惯性平面 xy 平行的平面内，梁的横截面就将绕其另一个形心主惯性轴 z 旋转，即 z 轴将为中性轴。这样，对称截面上的正应力分布规律同样适用于非对称截面上的正应力分布情况。

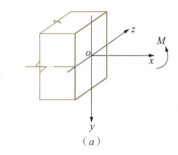

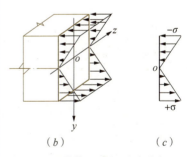

图 5-19 梁横截面上的正应力分布

想一想：
在实际工程中有哪些非对称截面梁？你能举几个例子吗？

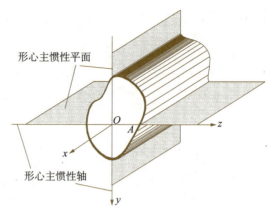

图 5-20 非对称截面梁的形心主惯性轴

5.4.2 梁的正应力计算公式

工程中，在解决梁的强度计算问题时，我们关注的是梁的最大正应力发生在何处？其值有多大？对于等直梁，在梁发生弯曲变形时，在最大弯矩 M_{max} 处的横截面上距中性轴最远点处有最大正应力，这是梁的危险截面上的危险点。由上节的分析和数学理论推算，我们可以得到梁在弹性范围内危险截面上的危险点处的最大正应力 σ_{max} 计算公式为

$$\sigma_{max} = \frac{M_{max}}{W_z} \tag{5-5}$$

式中 $W_z = \dfrac{I_z}{y_{max}}$，称为抗弯截面系数。它是衡量梁抗弯强度的一个几何量，常用单位为立方米（m^3）或立方毫米（mm^3）。对于常见的截面宽度为 b、高度为 h 矩形截面 $W_z = \dfrac{bh^2}{6}$，对于直径为 D 的圆形截面 $W_z = \dfrac{\pi D^3}{32}$，至于型钢截面的抗弯截面系数，其具体数值则可从型钢规格表中查到。

*5.4.3 运用梁的正应力强度条件解决工程中的实际问题

要保证梁在强度方面正常地工作，就必须使梁内最大正应力不得超过材料的许用应力，所以梁在弯曲时的正应力强度条件为

$$\sigma_{max} = \frac{M_{max}}{W_z} \leqslant [\sigma] \tag{5-6}$$

式中 [σ] 为材料的许用应力，可由相关计算手册查出。

1. 梁的正应力强度条件应用

应用梁的抗弯强度条件，可对梁进行以下三个方面的强度计算：

（1）强度校核

已知梁的截面尺寸、材料及荷载，进行梁的强度校核，此时应符合式（5-6）。

（2）截面设计

已知梁的材料及荷载，选择合适的截面尺寸。此时应符合

$$W_Z \geqslant \frac{M_{\max}}{[\sigma]} \quad (5\text{-}7)$$

在求出 W_Z 后，可根据截面形状确定截面尺寸。对于型钢截面，可由 W_Z 直接查表确定型钢的规格。

（3）确定许用荷载

已知梁的材料及截面尺寸，计算该梁所能承受的荷载大小。此时应符合

$$M_{\max} \leqslant W_Z[\sigma] \quad (5\text{-}8)$$

在求出许用最大弯矩 $M_{\max}$ 后，可根据荷载与弯矩的关系计算出许用荷载。

我们总结出上述三类问题的解题思路，如下：

（1）绘制梁的弯矩图，计算 $M_{\max}$；
（2）按公式计算或查表得到 W_Z；
（3）代入强度条件求解。

下面分别举例说明梁的抗弯强度条件的三种应用。

【例5-8】 如图5-21(a)所示矩形截面简支梁，梁的跨度为 l=4m，截面尺寸为 $b \times h$=120mm×200mm，承受均布荷载 q=10kN/m作用。许用应力为 [σ]=30MPa。试验算该梁的强度。

【解】

（1）求梁的最大弯矩 $M_{\max}$

梁的弯矩图如图5-21(b)，最大弯矩 $M_{\max}$ 发生在跨中截面

$$M_{\max} = \frac{1}{8}ql^2 = \frac{1}{8} \times 10 \times 4^2 = 20 \text{kN} \cdot \text{m}$$

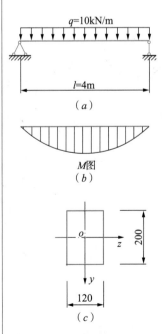

图5-21 例题5-8图

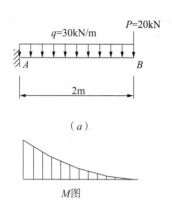

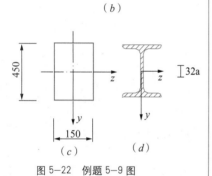

图 5-22 例题 5-9 图

（2）校核梁的强度

矩形截面的抗弯截面系数 $W_z = \dfrac{bh^2}{6} = \dfrac{120 \times 200^2}{6} = 8 \times 10^5 \text{mm}^3$

$$\sigma_{\max} = \dfrac{M_{\max}}{W_z} = \dfrac{20 \times 10^6}{8 \times 10^5} = 25\text{MPa} < [\sigma] = 30\text{MPa}$$

梁的强度满足要求。

【例 5-9】如图 5-22(a)所示悬臂梁，长 l=2m，承受均布荷载 q=30kN/m，在悬臂端同时作用集中荷载 P=20kN。

(1) 若采用矩形截面，且 $b/h = \dfrac{1}{3}$，许用应力 $[\sigma]$=20MPa，试求梁的截面尺寸 b 和 h。

(2) 若采用普通工字形型钢截面，许用应力 $[\sigma]$=160MPa，试确定型钢规格。

【解】

（1）求梁的最大弯矩 $M_{\max}$

梁的弯矩图如图 5-22(b)，最大弯矩 $M_{\max}$ 发生在支座截面

$$M_{\max} = \dfrac{1}{2}ql^2 + Pl = \dfrac{1}{2} \times 30 \times 2^2 + 20 \times 2 = 100 \text{ kN} \cdot \text{m}$$

（2）确定矩形截面的尺寸

$$W_z \geq \dfrac{M_{\max}}{[\sigma]} = \dfrac{100 \times 10^6}{20} = 5 \times 10^6 \text{ mm}^3$$

根据题意，$b/h = \dfrac{1}{3}$，故 $W_z = \dfrac{bh^2}{6} = \dfrac{h^3}{18}$

$h \geq \sqrt[3]{18 \times 5 \times 10^6} = 448 \text{mm}$，取 h=450mm

则 b=150mm

故该梁的截面尺寸为 $b \times h$=150mm×450mm，如图 5-22(c)所示。

（3）确定工字形型钢截面规格

$$W_z \geq \dfrac{M_{\max}}{[\sigma]} = \dfrac{100 \times 10^6}{160} = 0.625 \times 10^6 \text{mm}^3 = 625 \text{cm}^3$$

查工字形型钢截面规格表：选用 I32a，W_z=692.2cm³，满足要求，如图 5-22(d) 所示。

【例 5-10】 如图 5-23(a) 所示简支梁,截面为工字形型钢截面,规格为 I20a,梁的跨度为 l=6m,在跨中作用一集中荷载 P。许用应力为 $[\sigma]$=160MPa。在不计梁自重的情况下,试求许用荷载 $[P]$。

【解】

梁的弯矩图如图 5-23(b),最大弯矩 M_{max} 发生在跨中截面

$$M_{max} = \frac{1}{4}Pl$$

由型钢表查得工字形型钢的抗弯截面系数 W_z=237cm³
根据梁的强度条件 $M_{max} \leqslant W_z[\sigma]$

得 $\quad \dfrac{Pl}{4} \leqslant 237\times 10^3 \times 160 = 37.92\times 10^6$ N·m=37.92kN·m

故最大的许用荷载 P 为

$$P \leqslant \frac{37.92\times 4}{6} = 25.28\text{kN}$$

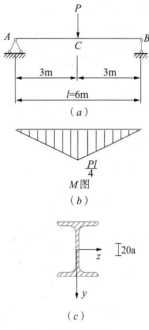

图 5-23 例题 5-10 图

5.5 梁的变形

 学习目标

了解挠度的概念;* 了解简单荷载作用下梁的最大挠度所在的位置及其影响因素。

梁在外力作用下,为了保证梁的正常工作,除了要满足强度要求外,还必须应满足刚度要求,即梁的最大变形不得超过某一容许值,否则会影响梁的正常使用,即需对梁作刚度校核;同时也是为了解超静定梁的需要。本节我们将主要学习等直梁在平面弯曲时的挠度问题。

5.5.1 挠度的概念

我们以图 5-24 所示简支梁为例,取梁在变形前的轴线为 x 轴,与梁轴线垂直的轴为 y 轴,且 xy 平面为梁的主形心惯性平面。梁弯曲变形后,其轴线将在 xy 平面内弯成一条曲线 AC_1B,弯曲后的轴线称为梁的挠曲线。度量梁的位移所用的两个基本量是:轴线上的点(即横截面形心)在垂直于 x 轴方向上的线位移 y,称为该点的挠度,并规定向下为正;横截面绕其中性轴转动的角度 θ,

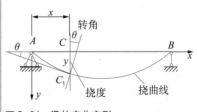

图 5-24 梁的弯曲变形

想一想：
如果梁的变形过大，超过容许值，会对梁的正常使用带来哪些影响？

称为该截面的转角（或称为角位移），并规定顺时针的转角为正。

由图 5-24 可以看出，梁的挠度 y 随横截面的位置 x 而变化，因此挠度 y 是横坐标 x 的函数，即

$$y=f(x)$$

*5.5.2　简单荷载作用下梁的最大挠度所在的位置及其影响因素

1. 简单荷载作用下梁的最大挠度所在的位置

工程中，梁的变形可用挠度来衡量，在梁的挠度计算中，通常不需要计算梁每个截面的挠度值，而只需计算出梁的最大挠度及其所在位置。

表 5-2 为梁在单一荷载作用下的梁的最大挠度及所在位置，当梁上同时作用有几个或几种外力时，可按表中情况采用叠加法计算。表中 E 为材料的弹性模量，I 为梁横截面对中性轴的惯性矩，而 EI 为梁的抗弯刚度。

梁的最大挠度用 y_{max} 表示，y_{max} 与梁的跨度 l 的比值 $\dfrac{y_{max}}{l}$ 称为梁的相对挠度。梁的刚度校核就是要使梁在荷载作用下的相对挠度不得大于相对允许挠度，即 $\dfrac{y_{max}}{l} \leqslant \left[\dfrac{y_{max}}{l}\right]$

梁在单一荷载作用下的变形　　　　表 5-2

序号	梁的简图	挠曲线方程	最大挠度及所在位置
1	悬臂梁，A端固定，自由端B处受集中力P，长度l	$y = \dfrac{Px^2}{6EI}(3l - x)$	在 $x=l$ 处 $y_B = \dfrac{Pl^3}{3EI}$
2	悬臂梁，A端固定，C处（距A为a）受集中力P，B为自由端，长度l	$y = \dfrac{Px^2}{6EI}(3a - x)$ $(0 \leqslant x \leqslant a)$ $y = \dfrac{Pa^2}{6EI}(3x - a)$ $(a \leqslant x \leqslant l)$	在 $x=l$ 处 $y_B = \dfrac{Pa^2}{6EI}(3l - a)$

续表

序号	梁的简图	挠曲线方程	最大挠度及所在位置
3	悬臂梁，均布载荷 q，长 l	$y = \dfrac{qx^2}{24EI}(x^2 - 4lx + 6l^2)$	在 $x=l$ 处 $y_B = \dfrac{ql^4}{8EI}$
4	悬臂梁，自由端力偶 m	$y = \dfrac{mx^2}{2EI}$	在 $x=l$ 处 $y_B = \dfrac{ml^2}{2EI}$
5	简支梁，跨中集中力 P	$y = \dfrac{Px}{48EI}(3l^2 - 4x^2)$ $(0 \leqslant x \leqslant \dfrac{l}{2})$	在 $x=l$ 处 $y_C = \dfrac{Pl^3}{48EI}$
6	简支梁，集中力 P 在 C 点（距 A 为 a，距 B 为 b）	$y = \dfrac{Pbx}{6lEI}(l^2 - x^2 - b^2)$ $(0 \leqslant x \leqslant a)$ $y = \dfrac{Pa(l-x)}{6lEI}(2lx - x^2 - a^2)$ $(a \leqslant x \leqslant l)$	设 $a>b$ 在 $x = \sqrt{\dfrac{l^2-b^2}{3}}$ 处 $y_{max} = \dfrac{\sqrt{3}Pb}{27lEI}(l^2-b^2)^{3/2}$
7	简支梁，均布载荷 q	$y = \dfrac{qx}{24EI}(l^3 - 2lx^2 + x^3)$	在 $x = \dfrac{l}{2}$ 处 $y_{max} = \dfrac{5ql^4}{384EI}$
8	简支梁，A 端力偶 m	$y = \dfrac{mx}{6lEI}(l-x)(2l-x)$	在 $x = (1-\dfrac{1}{\sqrt{3}})l$ 处 $y_{max} = \dfrac{ml^2}{9\sqrt{3}EI}$

2. 梁最大挠度的影响因素

观察表 5-2 中梁在单一荷载作用下的挠度计算，我们以跨度为 l，在均布荷载 q 作用下的简支梁为例，梁的最大挠度发生在跨中，其值为 $y_{max} = \dfrac{5ql^4}{384EI}$，由此可以看出：**梁的最大挠度 y_{max} 与抗弯刚度 EI 成反比，而与跨度 l、荷载 q 成正比，同时还与荷载的支承情况有关**。这些因素可以概括为 $y_{max} = \dfrac{荷载}{系数} \times \dfrac{l^n}{EI}$

因此，要提高梁的刚度可以采取下列措施。

（1）增大梁的抗弯刚度 EI

由以上分析可知，梁的挠度与截面抗弯刚度 EI 成反比，所以必须设法提高截面的抗弯刚度，而抗弯刚度是材料的弹性模量 E 和截面惯性矩 I 的乘积。对同一类材料 E 相差不大，如高强度钢与普通低碳钢的 E 值是相近的。因此，主要应设法增大 I 值。在截面面积相同的情况下，采用合理形状的截面使截面面积分布在距中性轴较远处，以增大截面的惯性矩。所以工程上常采用工字形、箱形等截面形状的梁。

（2）减小跨度

从影响梁最大挠度的因素可知，梁的挠度与跨度的 n 次幂成正比，因此，减小梁的跨度能够显著地减小梁的变形，这是提高梁抗弯刚度的一个很有效的措施。

（3）选择合理的结构形式

若条件许可，选择适当的结构形式，增加梁的支座或改变支座形式等都能减小梁的变形，提高梁的刚度。如在其他条件不变时，悬臂梁变成简支梁或在悬臂端增加支座而变成超静定梁、多跨简支梁变成多跨连续梁等都可以减小挠度，提高梁的刚度。

工程中究竟采用哪种措施来提高梁的刚度，要根据具体情况而定。

5.6 工程中的应用

学习目标

能运用直梁弯曲知识，通过案例的定性分析，初步解决工程中的实际问题，培养岗位综合职业能力；*了解动荷载作用对直梁弯曲的影响。

5.6.1 工程中常见直梁的定性分析

梁的最优设计目标是既要保证梁有足够的强度，又要使梁的材料得到充分的利用。尽量做到节省材料、减轻自重，达到既安全又经济的要求。

工程中梁的强度多由正应力控制。从正应力强度条件 $\sigma_{max} = \dfrac{M_{max}}{W_Z} \leqslant [\sigma]$ 可知，梁横截面上的最大正应力 σ_{max} 与危险截面的 M_{max} 成正比，与抗弯截面系数 W_Z 成反比。所以，提高梁的抗弯强度，主要从提高 W_Z 和降低 M_{max} 两方面着手。工程中通常采取以下措施提高梁的强度。

1. 选择合理的截面形状

（1）选择抗弯截面系数和截面面积比值较大的截面形状

由正应力强度条件 $\sigma_{max} = \dfrac{M_{max}}{W_Z} \leqslant [\sigma]$ 可知，梁横截面上的最大正应力 σ_{max} 与抗弯截面系数 W_Z 成反比。因此，所采用横截面的形状，应该使其抗弯截面系数 W_Z 与其面积 A 之比尽可能地大。也就是说在截面面积相同的情况下，应使截面有较大的抗弯截面系数。W_Z 与其高度的平方、宽度成正比，所以应尽可能地使横截面面积分布在距中性轴较远的地方。

如图 5-25(*a*) 所示的矩形截面，将其中性轴附近的材料移至梁的上下两个边缘，成为工字形截面（图 5-25*c*），可显著提高 W_Z 值，使材料能更好地发挥作用。因此工程中常采用工字形、T 形、圆环形、箱形等截面形状。如图 5-26 为城市高架桥，梁的截面采用了箱形截面。

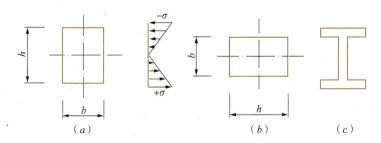

图 5-25　梁的截面形状

图 5-26　城市高架桥梁的截面形式

同时，同样为 $b\times h$ 的矩形截面（$h>b$），把 h 作为高度竖向放置时（图 5-25a）比把 b 作为高度竖向放置时（图 5-25b）更合理，因为当 $h>b$ 时，当把 h 作为高度竖向放置时比把 b 作为高度竖向放置时截面的抗弯截面系数 W_z 大 $\left(\dfrac{bh^2}{6}>\dfrac{hb^2}{6}\right)$。尽管有时为了在房屋层高不变的情况下，增加房间的使用净高，在工程中使用扁梁，但是从受力的角度上是不合理的，因此我们在实际工程上应慎用。

(2) 选择使最大拉、压应力同时达到其许用应力的截面形状

选择合理的截面形状时，应考虑材料的性质，应使截面上下边缘的最大正应力均达到材料的许用应力。因此，对于抗拉和抗压强度相等的塑性材料（如建筑钢材），应采用对称于中性轴的截面形状比较合理；而对于抗拉强度比抗压强度小得多的脆性材料（如铸铁），宜作成 T 形截面，并将其翼缘部分置于受拉侧，如图 5-27 所示。

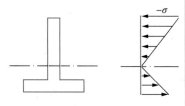

图 5-27 T 形截面的正应力

在工程中为了充分利用材料的特性，提高构件的承载力，我们也可以采用两种以上的材料来制作梁。如钢筋混凝土截面梁，就是由混凝土和钢筋两种材料组成的，其主要利用混凝土的抗压性能和钢筋的抗拉性能来承受结构的荷载，因此在工程实际中受力钢筋一般配置在梁的受拉一侧，如图 5-28 所示。

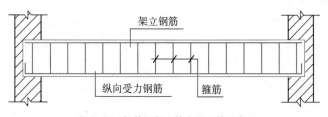

图 5-28 钢筋混凝土简支梁配筋示意图

2. 采用合理的结构形式

(1) 采用变截面梁

一般情况下，在梁弯曲时，横截面上的弯矩沿梁全长是不同的。对于等截面梁，若按危险截面的最大弯矩来设计梁的截面时，则非危险截面上的最大正应力小于危险截面上的最大正应力。显然，这些非危险截面上的材料强度没有得到充分利用。为了节省材料，减轻构件自重，从强度考虑，可根据各横截面上的弯矩确

定截面尺寸，即梁的截面尺寸随截面位置的变化而变化，这样的梁被称为变截面梁，从而使每个截面的最大应力均等于或略小于材料的许用应力。因此，工程会采用如图 5-29(a)、(b) 所示的悬臂梁、鱼腹梁等典型的变截面梁。

(2) 调整支座位置、改变支座形式、增加支座和合理配置荷载以降低弯矩最大值 M_{max}

从正应力强度条件 $\sigma_{max} = \dfrac{M_{max}}{W_z} \leqslant [\sigma]$ 可知，梁横截面上的最大正应力 σ_{max} 与危险截面的 M_{max} 成正比。因此，若条件许可，适当调整支座位置，可以减小梁的最大弯矩值，从而提高梁的抗弯强度。如图 5-30 所示跨度为 l、承受均布荷载为 q 的简支梁，其最大弯矩 $M_{max} = \dfrac{1}{8}ql^2$。

若将两端支座各向里移 $0.2l$，成为两端外伸的简支梁（图 5-31），则最大弯矩减小为 $M_{max} = \dfrac{1}{40}ql^2$。

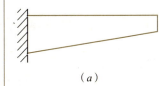

图 5-29　变截面梁
(a) 悬臂梁；(b) 鱼腹式梁

想一想：

图 5-29 (a) 所示的悬臂梁，如果为钢筋混凝土梁，其受力钢筋该如何配置？请画出示意图。

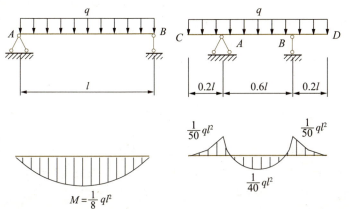

图 5-30　均布荷载作用下梁的弯矩图　图 5-31　均布荷载作用下外伸梁的弯矩图

若将梁的两端支座变成固定端支座（图 5-32），成为超静定结构，则最大弯矩减小为 $M_{max} = \dfrac{1}{12}ql^2$。

若在该梁的跨中增加一个支座（图 5-33），成为超静定结构，则最大弯矩减小为 $M_{max} = \dfrac{1}{32}ql^2$。因此工程上的结构多采用超静定结构。

其次，若条件许可，合理布置荷载也可以减小梁的最大弯矩

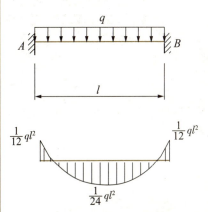

图 5-32　两端固定支座梁的弯矩图

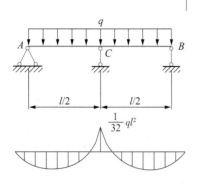
图 5-33 两跨连续梁的弯矩图

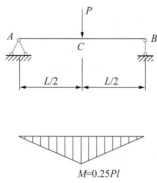
图 5-34 集中荷载作用下梁的弯矩图

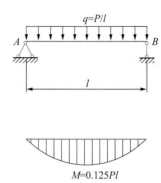
图 5-35 均布荷载作用下梁的弯矩图

想一想：
同等情况超静定结构的弯矩是不是比静定结构小呢？单元 7 中我们将详细介绍。

【动荷载】

前面学习了静荷载作用下的梁的正应力分布、正应力强度条件及变形问题。**所谓静荷载是指构件所承受的荷载从零开始缓慢地增加到最终值，然后不再随时间而改变。**这时，构件在变形过程中各质点的加速度很小，加速度对变形和应力的影响可以忽略不计。**当荷载引起构件质点的加速度较大，不能忽略它对变形和应力的影响时，这种荷载就称为动荷载。**

想一想：
你还能举出哪些冲击荷载的例子？

值 M_{max}。如图 5-34 所示跨度为 l、在跨中作用一集中荷载为 P 的简支梁，其最大弯矩 $M_{max}=0.25Pl$。

若将集中力转化为集度为 $q=p/l$ 的均布荷载（图 5-35），则最大弯矩为 $M_{max}=0.125Pl$，也比原来的弯矩小一半。

在工程中究竟采用哪种方法来提高梁的强度，从而提高梁的承载力，要根据具体情况而定。

*5.6.2 动荷载作用对直梁弯曲的影响

1. 动荷载的概念

根据加载速度和应力随时间变化情况的不同，工程中常遇到下列三类动荷载：

（1）作等加速运动或等速转动时构件的惯性力。例如起吊重物、旋转飞轮等。对于这类构件，主要考虑运动加速度对构件应力的影响，材料的机械性质可认为与静荷载时相同。

（2）冲击荷载，它的特点是加载时间短，荷载的大小在极短时间内有较大的变化，因此加速度及其变化都很剧烈，不易直接测定。冲击波或爆炸是冲击荷载的典型来源。工程中的冲击实例很多，例如汽锤锻造、落锤打桩、传动轴突然刹车等。这类构件的应力及材料机械性质都与静荷载时不同。

（3）周期性荷载，它的特点是在多次循环中，荷载相继呈现相同的时间历程。如旋转机械装置因质量不平衡引起的离心力。对于承受这类动荷载的构件，荷载产生的瞬时应力可以近似地按静荷载公式计算，但其材料的机械性质与静荷载时有很大区别。

我们以工程中常见的梁的起吊为例来分析动荷载作用对梁弯曲的影响。

图 5-36(*a*) 所示一由起重机起吊的梁，上升加速度为 a，设梁长为 l，梁的密度为 ρ。则每单位梁长的自重（静荷集度）为 $A\rho g$，惯性力为 $\dfrac{A\rho g}{g}\cdot a$。将静荷集度与惯性力相加，并以 q_d 表示得

$$q_d = A\rho g + \frac{A\rho g}{g}\cdot a = A\rho g\left(1+\frac{a}{g}\right) = q_{st}\cdot K_d \qquad (5\text{-}9)$$

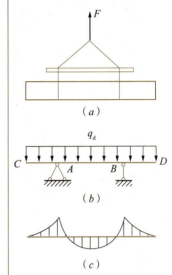

图 5-36 起重机起吊的梁

式中 q_d 称为动荷集度。式 (5-9) 表明动荷集度仍可表示为静荷集度 q_{st} 乘以动荷系数 K_d。于是可以把梁看作为一无重的外伸梁（两个吊点视为两个约束），该梁沿全长受集度为 q_d 的均布荷载作用，如图 5-36(*b*) 所示。

这样我们根据前面所学的知识可以画出在动荷载 q_b 的作用下外伸梁相应的弯矩图（如图 5-36*c*），并求出梁危险截面上的最大动荷弯矩为

$$M_d = M_{st}\cdot K_d \qquad (5\text{-}10)$$

式中 M_{st} 为最大静荷（自重）弯矩。

危险截面的最大动荷应力 $\sigma_{d,max}$ 为

$$\sigma_{d,max} = \frac{M_d}{W} = \frac{M_{st}}{W}K_d = \sigma_{st,max}\cdot K_d \qquad (5\text{-}11)$$

式中 $\sigma_{st,max} = \dfrac{M_{st}}{W}$ 是由静荷载所引起的最大正应力。

求得最大动荷应力 $\sigma_{d,max}$ 后，仍可像前面那样，来建立强度条件

$$\sigma_{d,max} = \sigma_{st,max}\cdot K_d \leqslant [\sigma] \qquad (5\text{-}12)$$

式中 $[\sigma]$ 仍是静荷载计算中的许用应力。上式也可写成

$$\sigma_{st,max} \leqslant \frac{[\sigma]}{K_d}$$

此式表明，**验算动荷载强度时，也可用静荷载应力建立强度条件，只要把许用应力 $[\sigma]$ 除以动荷系数 K_d 即可。**

这种将运动问题转化成平衡问题来分析的方法，称为达朗伯原理，又称为动静法。

由上述的分析得知，在作等加速运动吊装一根梁时，$K_d = 1 + \dfrac{a}{g}$，是大于1的系数，由于g是重力加速度，是常数，随着吊装梁的加速度的增大，动荷系数K_d也随着增大。再由$\sigma_{d,max} = \dfrac{M_d}{W} = \dfrac{M_{st}}{W} K_d = \sigma_{st,max} \cdot K_d$可知，在动荷载作用下的梁的动应力大于静荷载应力，并且随着梁的吊装加速度的增大，梁内的应力也在增大，是一个变量，当最大应力达到梁的破坏极限应力时，梁在吊装过程中就会提前破坏，所以在吊装时应匀速起吊，不能加速。

上述情况在其他动荷载作用情况下也会出现。由此可见，梁在动荷载作用下，会使梁提前破坏。故对在动荷载作用时直梁弯曲的影响应引起高度重视。

思考

1. 什么是梁？工程中常见的单跨静定梁按支座情况可分为哪几种基本形式？
2. 梁的剪力与弯矩的正负号是如何规定的？
3. 简述用截面法求梁指定截面上的剪力与弯矩的计算步骤。
4. 简述梁的剪力与弯矩的计算规律。
5. 什么是剪力图与弯矩图？如何绘制？
6. 梁的内力图有什么规律？
7. 什么是叠加原理？应用叠加原理如何绘制梁的弯矩图？
8. 对称截面梁上的正应力分布有何规律？该规律能否适用于非对称截面梁？
9. 梁弯曲时的强度条件是什么？从力学观点来看，如何提高梁的抗弯强度？
10. 运用正应力强度条件能解决工程实际中基本构件的哪些问题？
11. 什么是梁的挠度？影响梁最大挠度因素有哪些？在实际工程中如何减小梁的挠度？
12. 什么是静荷载？什么是动荷载？
13. 动荷载作用对直梁弯曲有哪些影响？

练习

1. 求图 5-37 所示各梁指定截面的剪力与弯矩。

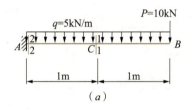
(a)

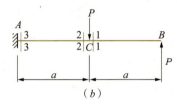
(b)

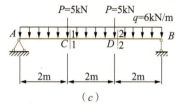
(c)

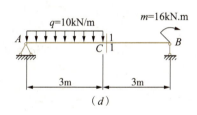
(d)

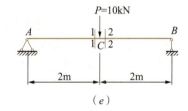
(e)

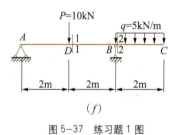
(f)

图 5-37 练习题 1 图

2. 写出图 5-38 所示各梁的剪力方程和弯矩方程,并作出剪力图与弯矩图。

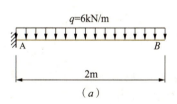
(a)

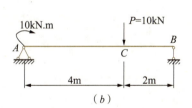
(b)

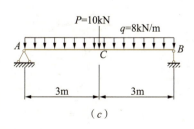
(c)

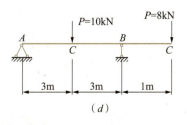
(d)

图 5-38 练习题 2 图

3. 利用梁的内力图规律绘制图 5-39 所示各梁的内力图。

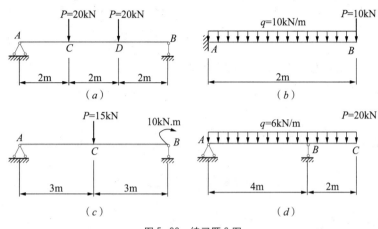

图 5-39 练习题 3 图

4. 如图 5-40 所示矩形截面简支梁，承受均布荷载 q 的作用，求该梁所能承受的最大均布荷载 q_{max}。材料的许用应力 $[\sigma]=10$ MPa（图中未注明截面尺寸单位为：mm）。

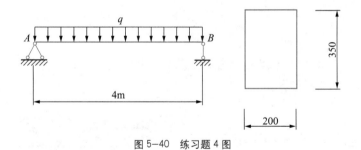

图 5-40 练习题 4 图

5. 试验算如图 5-41 所示简支梁的抗弯强度。梁为 I28a 工字钢型钢，材料的许用应力 $[\sigma]=160$ MPa。

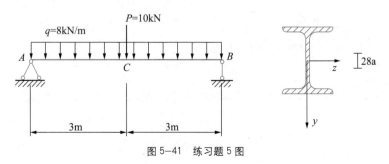

图 5-41 练习题 5 图

6. 图示外伸梁，受力如图 5-42 所示。

（1）若采用矩形截面，且 $b/h=1/2.5$，许用应力 $[\sigma]=20\text{MPa}$，试求梁的截面尺寸 b 和 h。

（2）若采用普通工字形型钢截面，许用应力 $[\sigma]=160\text{MPa}$，试确定型钢规格。

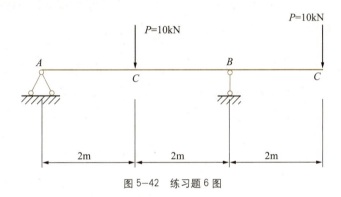

图 5-42　练习题 6 图

准备 1 根 $b \times h \times l =1\text{cm} \times 2\text{cm} \times 10\text{cm}$ 的小木条（木质软一些的），在其侧面画上如图 5-18（a）中所示形状的网格，网格间距为 $b \times h=1\text{cm} \times 0.5\text{cm}$。将小木条两端简支，在跨中施加一个垂直向下的力，直至小木条跨中发生轻微下沉，此时验证是否符合平面假设。

单元 6
受压构件的稳定性

什么是失稳？为了了解失稳现象，我们来看在生活中的一些现象。

在工程中，搭好的脚手架也会突然发生整体坍塌现象，而且坍塌下来的脚手架钢管往往会发生弯曲变形，而很少有折断的，这是什么原因？

当我们在看体育比赛中举重项目时，我们会发现运动员在举起杠铃后，脚在微微晃动，这又是为什么？

以上所有这些现象的发生都与平衡有很大关系。脚手架的坍塌是由于脚手架在施工中增加的荷载超过了脚手架保持平衡时的承载能力，个别钢管发生突然弯曲所造成的。运动员在举起杠铃后脚在微微晃动，是由于运动员举起了超过他们正常情况下能举起的杠铃重量。

想一想：
在实际生活和工程中，还有哪些这样的案例？

这些现象可归纳为失稳现象，失稳就是稳定性失效，也就是丧失保持稳定平衡的能力。

在本单元中，我们将通过学习解决以下问题：

➢ 什么是受压构件的失稳？受压构件平衡状态的有哪几种情况？

➢ 影响受压构件稳定性的因素有哪些？如何提高受压构件的稳定性？

➢ 如何运用受压构件稳定性的知识，来理解典型工程中受压构件失稳？采取哪些措施可以避免受压构件失稳？

6.1 受压构件平衡状态的稳定性

学习目标

通过实验演示，理解构件失稳的概念；了解受压构件平衡状态的三种情况。

6.1.1 构件失稳的概念

在单元 4 中讨论过轴向拉、压杆件的强度计算问题，并指出为了保证拉、压杆件在外力作用下能够安全正常工作，要求杆件横截面上的最大正应力不超过材料的许用应力，从强度上保证了杆件的正常工作。这个结论对于短粗杆是正确的，但对于细长压

杆是否也正确？我们来做一个实验。取相同材料制作、截面相同但长度不同的两根杆件，一根长杆，一根短杆，如图 6-1 所示，竖放在桌面上，在两根杆件的顶部同时施加集中力 **P**，随着 **P** 的逐渐加大，我们发现短杆仍保持直线，能够继续承载，但长杆开始明显压弯，已经不能再继续承载。显然发生这种情况并非是由于长杆的强度不足而引起的，因为长杆的制作材料、截面与短杆相同。这种情况是**由于较细长的杆件受压力作用时丧失了保持原有直线形状的能力而造成的**，这种现象称为丧失稳定，简称失稳。同时在这个实验中我们发现压杆失稳时的压力比因为强度不足而破坏时的压力小得多。因此，对细长压杆必须进行稳定性计算。

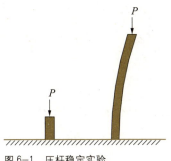

图 6-1　压杆稳定实验

6.1.2　受压构件平衡状态的三种情况

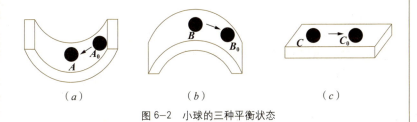

图 6-2　小球的三种平衡状态

为了了解受压构件的平衡状态，我们先来做一个实验。图 6-2 分别表示小球置于曲面底、曲面顶、水平面并处于平衡状态。这三种平衡状态是有区别的。小球置于曲面底 A 平衡时，微小挠动使小球离开原来的平衡位置，但挠动撤消后小球回复到平衡位置 A，所以说小球在曲面底 A 的平衡状态是稳定的。小球在曲面顶点 B 平衡时，微小的挠动就使小球远离原来的平衡位置，再也不会自己回到原来的位置 B，所以说小球在曲面顶点 B 的平衡状态是不稳定的。位于水平面而平衡的小球，若把它推到 C_0 点，小球就停在 C_0 点上，它既不会回到原处 C，也不会继续滚动，而是在新的位置保持平衡。这种平衡状态叫做临界平衡状态。临界平衡状态是由稳定平衡过渡到不稳定平衡的一种平衡状态。实质上它属于不稳定的平衡状态，因为这时小球在经受干扰后已经不能回到原来的位置了。

我们再来做一个实验，如图 6-3 所示。对一根两端铰接的等

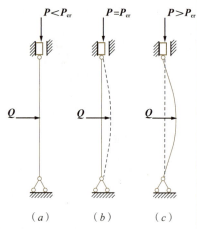

图 6-3 两端铰接杆

想一想：
轴心受拉杆件在荷载作用下会不会发生失稳现象？为什么？

直杆，沿其轴线施加压力 P。当 P 小于某一特定极限值 P_{cr} 时（图 6-3a），即使有一横向干扰力 Q 使之微弯，但随着干扰力的撤除，压杆能很快地恢复到原来的直线位置，这种直线形状的平衡状态称为**稳定的平衡状态**。当压力 P 等于某一特定极限值 P_{cr} 时（图 6-3b），在横向干扰力 Q 作用下产生微弯，但即使撤除干扰力，压杆也不会回到原来的直线位置，而在微弯状态下维持新的平衡，此时的平衡状态称为**临界平衡状态**。压杆处于临界平衡状态时，作用在压杆上的轴向压力值称为临界力，用 P_{cr} 表示。当 P 大于临界力 P_{cr} 时（图 6-3c），压杆稍受扰动发生微弯后，其弯曲变形会显著地增大，并一直达到破坏，这种直线形状的平衡是**不稳定的平衡状态**。

所以，为了保证轴心受压杆件在荷载作用下能安全正常地工作，除了需要满足强度和刚度条件外，还需要满足稳定性的要求。

6.2 影响受压构件稳定性的因素

学习目标

能运用临界力公式分析影响受压构件稳定性的因素，了解提高受压构件稳定性的措施。

6.2.1 影响受压构件稳定性的因素

通过数学理论推导，可得到临界力 P_{cr} 的计算公式

$$P_{cr} = \frac{\pi^2 EI}{(\mu l)^2} \tag{6-1}$$

上式称为欧拉公式。

式中　E——材料的弹性模量；
　　　I——杆件横截面对中性轴的最小惯性矩；
　　　μ——与杆端支承情况有关的长度系数，其值见表 6-1；
　　　μl——杆件的计算长度。

想一想：
细长杆承受轴向压力 P 的作用，其临界压力与（　　）无关？
A. 杆的材质
B. 杆的长度
C. 杆承受压力的大小
D. 杆的横截面形状和尺寸

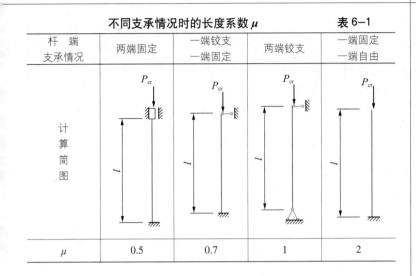

表 6-1 不同支承情况时的长度系数 μ

杆端支承情况	两端固定	一端铰支一端固定	两端铰支	一端固定一端自由
计算简图				
μ	0.5	0.7	1	2

由式（6-1）可知：**临界力 P_{cr} 的大小与杆件的长度、横截面的形状和尺寸、杆件的材料以及杆件两端的支承情况等因素有关。**

为了进一步对欧拉公式的应用范围及对杆件的稳定问题进行分析，在工程中我们引入临界应力的概念。临界应力是指在临界力 P_{cr} 的作用下，压杆横截面上的平均应力，用 σ_{cr} 表示，即

$$\sigma_{cr}=\frac{\pi^2 E}{\lambda^2} \tag{6-2}$$

式（6-2）是欧拉公式的另一种表达方式。式中 λ 称为压杆的柔度系数或长细比，是一个无量纲的量，它与压杆的长度、截面形状和尺寸以及压杆两端支承条件等因素有关。对于用一定材料制成的压杆，λ 越大，表示压杆越细长，临界应力 σ_{cr} 就越小，压杆越容易丧失稳定；反之，λ 越小，表示压杆粗而短，临界应力 σ_{cr} 就越大，压杆就不容易丧失稳定。所以柔度系数 λ 是压杆稳定计算中的一个很重要的几何参数。

从以上的分析可知，压杆稳定性的高低主要在于临界力（或临界应力）的大小，要提高压杆的稳定性，就是要设法提高压杆的临界力。因此，提高压杆稳定性的措施，也就从影响压杆临界应力的各个因素着手。

1. 减小压杆的长度 l

减小压杆的长度是提高压杆稳定性的有效方法之一。在条件

允许的情况下,应尽可能减小压杆的长度,或者在压杆的中间增设支承点,也相当于减少了长度,所以能提高其临界力。如图 6-4 所示的细长杆的临界力,由式(6-1)可知,(b)中的杆的临界力是(a)中的 4 倍。

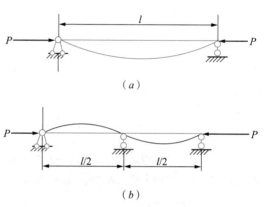

图 6-4 受压杆件长度对稳定的影响

2. 改善杆端的支承情况,减小长度系数 μ

从式(6-1)中可以看出,在相同条件下,杆端的约束越强,长度系数 μ 值就越小,相应的压杆的临界力也就越高。反之,杆端的约束越弱时,长度系数 μ 值就越大,而压杆的临界力则越低。因此,应尽可能加强杆端约束的刚性,减小 μ 值,从而提高压杆的稳定性。如图 6-5 所示的细长杆的临界力,(b)中的杆的临界力是(a)中的 4 倍。

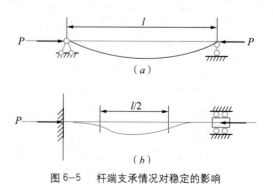

图 6-5 杆端支承情况对稳定的影响

3. 选择合理的截面形状，增大截面的惯性半径 i

压杆的临界力与截面的惯性矩成正比。所以，在截面面积不变的情况下，应选择合理的截面形状，并尽可能使截面的材料远离中性轴，以取得较大的惯性矩 I，增大截面的惯性半径 i，从而达到提高压杆的稳定性。

当压杆两端在各弯曲平面内的约束条件相同时（即 μ 值相同时），则它的失稳总发生在最小的刚度平面内，因此在截面面积一定时，应使其 $I_y = I_x$。

若压杆两端在各弯曲平面内的约束条件不同时，则应采用 $I_y \neq I_x$ 的截面（如矩形或工字形截面），并与相应的支座条件相配合，使其在两个形心主惯性面内的柔度尽可能相等或接近，以达到在两个平面内的抗失稳能力相近的目的。

4. 合理选择材料

对细长杆，由式（6-2）可知，临界应力的大小与材料的弹性模量 E 有关。工程上常用材料的弹性模量 E 见表 6-2。在相同条件下，压杆采用钢材时的稳定性比采用木材时要好。但在同为钢材的情况下，由于各种钢材的 E 值大致相同，故此时选用优质钢是无意义的。但对中柔度杆来说，无论从经验公式或理论分析，都说明临界应力和材料的强度有关。优质钢在一定程度上是能提高其临界应力的数值。至于小柔度杆，本来就是强度问题，选用高强度材料，自然能提高其承载能力。

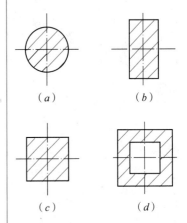

图 6-6 截面形状对稳定的影响

想一想：

在横截面积等其他条件均相同的条件下，压杆采用图 6-6 中所示哪种截面形状，其稳定性最好？

常用材料的弹性模量 E 表 6-2

材料名称	弹性模量 E (GPa)
碳钢	200~220
16 锰钢	200~220
铸铁	115~160
铝合金	71
混凝土	14.6~36
木材（顺纹）	10~12

5. 整个结构综合考虑

对于压杆，除了可采取上述几方面的措施来提高其承载能力

想一想：

细长压杆的（　　），则其临界应力 σ 越大。

A. 弹性模量 E 越大或柔度 λ 越小；

B. 弹性模量 E 越大或柔度 λ 越大；

C. 弹性模量 E 越小或柔度 λ 越大；

D. 弹性模量 E 越小或柔度 λ 越小。

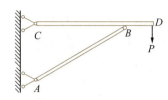

(a)

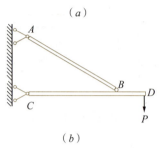

(b)

图 6-7 不同结构形式对稳定的影响

外,在可能的条件下还应从结构上采取措施,如将压杆转换成拉杆,就从根本上消除了稳定性问题。例如,将图 6-7 中的托架 (a) 改成 (b) 的形式,不但从根本上消除了压杆的稳定问题,而且 AB 杆的截面面积还可减小。

6.3 工程中的应用

学习目标

分析典型工程中受压构件失稳的案例,了解受压构件稳定性问题的重要性。

由上面所学的知识我们知道,细长的受压杆当压力达到强度极限前,受压杆可能突然弯曲而破坏,即产生失稳现象。由于受压杆失稳后将丧失继续承受荷载的能力,而失稳现象又是在强度达到极限前突然发生的,因此,结构中受压杆件的失稳常造成严重的后果,甚至导致整个结构物的倒塌。在实际工程上出现的较大的工程事故中,有相当一部分是因为受压构件失稳所致,因此受压杆的稳定问题绝不容忽视。

钢结构具有强度高、自重轻、施工速度快等优点,一直是人们喜爱采用的一种结构,近百年来得到了快速的发展。尤其是在 20 世纪下半叶,随着世界钢产量的大幅度增加,钢结构的应用领域也不断拓展。工业建筑,近海石油平台、无线电塔桅、卫星和导弹发射架等构筑物,大型铁路桥梁和公路铁路两用桥梁,高层和超高层的商业和旅游业等建筑中都广泛采用了钢结构这种结构型式。

但在钢结构工程中,由于钢材强度高,所以制作的构件截面都比较小,长细比较大,同时在制作过程中存在杆件轴线本身不直(存在初弯曲)、承受荷载时加载偏心、钢材材质的不均匀以及外界干扰力等因素,常会发生失稳现象。钢结构中,钢梁与钢柱等在荷载作用下会发生整体失稳和局部失稳。图 6-8 为钢柱失稳破坏的几种形式。

钢结构工程中,如果构件发生失稳破坏,将导致整个结构的失稳和坍塌。所以《钢结构设计规范》中规定了防止发生整体失稳和局部失稳的设计方法和措施。比如,对于钢柱,我们

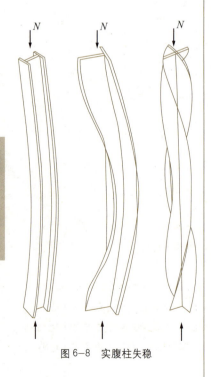

图 6-8 实腹柱失稳

首先可以选择合理的截面形式来保证它的稳定性（图6-9），其次我们可以在适当位置增设加劲肋❶（图6-10）或沿高度方向增设横向支撑等，来避免失稳。

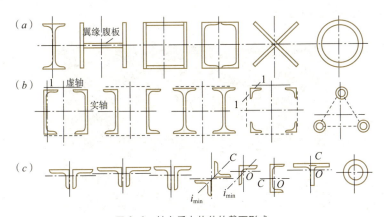

图6-9　轴心受力构件的截面形式
(a) 实腹柱和重型桁架杆件截面；(b) 格构式柱和重型桁架杆件截面；
(c) 普通桁架杆件截面

对于钢屋架，在荷载作用下，屋架的上弦杆都为轴心受压杆件，为了确保钢屋架的整体稳定性，避免失稳，除了选择合适的杆件截面形式外（图6-9），在钢屋架选形时，要使屋架外形尽量与弯矩图形相吻合，使屋架上、下弦杆受力均匀，且应使较长的杆件受拉，较短的杆件受压。如图6-11所示，两榀跨度相同的三

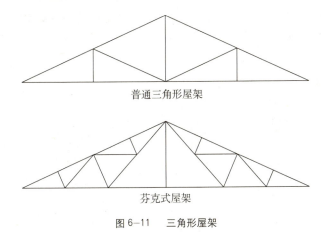

图6-11　三角形屋架

【小资料】
　　1907年加拿大魁北克省圣劳伦斯河上一座五百多米长的钢桥在施工中突然倒塌，9000吨的钢结构变成了一堆废铁，在桥上施工的86名工人中有75人丧生，事故调查显示，桥梁破坏从开始到结束只有15秒钟，这起悲剧是由于其桁架中下弦压杆失稳造成的，压杆失稳后，退出工作，使结构变成可变体系，可变体系是不能承受荷载的。后来，每年从工程系毕业的学生都被发给一枚戒指，戒指被设计成被扭曲的钢条形状，代表桥坍塌的残骸，用来纪念这起事故和在事故中被夺去的生命。这一枚枚戒指就成为了后来在工程界闻名的工程师之戒 (Iron Ring)。这枚戒指要戴在小拇指上，作为对每个工程师的一种警示。

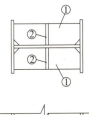

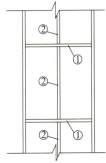

图6-10　钢柱加劲肋设置示意图
1—横向加劲肋；2—纵向加劲肋

---

❶ 为保证构件局部稳定所设置的条状加强件。

想一想：

在土木工程中，还有哪些屋架形式？在这些形式的屋架中，哪个受力更合理？为什么？

角形屋架，芬克式屋架的上弦杆节间长度要比普通三角形屋架短一半，受力显然比普通三角形屋架要合理。另外，芬克式屋架的制作可以分为两个半榀三角形屋架，这样也利于运输和安装。同时在屋盖的相应位置合理设置支撑（如图6-12），可以确保整个屋盖的受力稳定。

图6-12 钢屋盖系统

在砌体结构中，作为主要承重构件之一的墙体和柱，《砌体结构设计规范》规定用验算高厚比的方法来进行墙、柱的稳定性验算，其目的就是为了防止墙、柱在施工和使用期间出现侧向挠曲变形过大而发生失稳，从而使结构具有足够的刚度，保证结构的安全性。为了避免这种失稳破坏，我们可以在砌筑墙体时每隔一定距离设置壁柱（图6-13）或在砌筑墙体时每隔一定距离设置钢筋混凝土构造柱（图6-14）来增加墙体的侧向支撑点，保证墙体的稳定性。

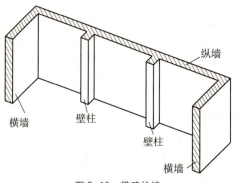

图6-13 带壁柱墙

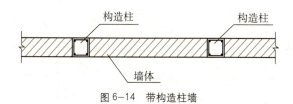

图 6-14 带构造柱墙

在钢筋混凝土结构中,作为竖向主要承重构件的钢筋混凝土柱,长细比(柱的计算长度与截面短边之比)的大小直接影响其承载力。长细比过大,就会使钢筋混凝土柱发生失稳而引起结构的破坏。所以长细比会影响轴心受压柱和偏心受压柱的承载力,进而影响结构的安全。为此,我们可以通过增大柱子截面尺寸、改变柱子的截面形式来增大截面的惯性矩,提高柱子的稳定性,图 6-15 为钢筋混凝土柱的常见截面形式。我们也可以在柱子高度方向设置侧向支撑点,来减小柱子的计算长度,从而达到提高柱子稳定性的目的。

图 6-15 钢筋混凝土柱的常见截面形式

想一想:

你所见过的混凝土柱子还有什么形状的?

在建筑施工中,脚手架普遍用于外墙、内部装修或层高较高无法直接施工的地方,但其安全问题一直是建筑施工中的难题。

有统计表明,我国建筑业企业每年发生的伤亡事故中,约有 1/3 直接或间接地与脚手架的架设及其使用问题有关。

脚手架坍塌事故发生的原因有多种,例如脚手架搭设方案设计不合理、使用超载等都可能导致脚手架坍塌。如果脚手架搭设方案没有设计或设计不规范,可能会使脚手架的竖向杆件间距过大,缺少横向支撑,在荷载的作用下,个别杆件所承受的力超过失稳时的临界力而产生失稳现象,并引起整个脚手架体系的连锁反应,导致整个脚手架坍塌。在使用阶段,诸如一些厂房、桥梁、高层建筑等体量高大的土木工程,通常脚手架高度高、体量大,混凝土浇筑量也大,在混凝土浇筑过程中,随着混凝土的倾倒、振捣而产生冲击力,导致脚手架超载,使脚手架失稳而发生坍塌事故。图 6-16 为某工程现场双排扣件式外脚手架因整体失稳而发生大面积坍塌时的情形,现分析如下。

双排扣件式钢管外脚手架受力简图如图 6-17。脚手架立杆稳定计算时应考虑永久荷载、施工均布荷载、风荷载的不利组合,扣件连接节点属于半刚性。整体失稳破坏时,脚手架呈现出内外立杆与横向水平杆组成的横向框架,沿垂直主体结构方向大波

图 6-16 失稳坍塌的脚手架

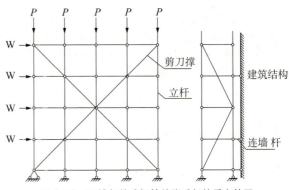

图 6-17 双排扣件式钢管外脚手架的受力简图

鼓曲现象,波长均大于步距,并与连墙件的竖向间距有关。整体失稳破坏始于无连墙件的、横向刚度较差或初弯曲较大的横向框架(图 6-18)。

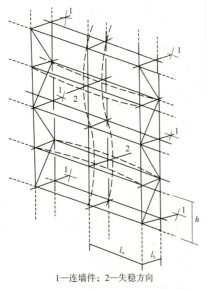

1—连墙件;2—失稳方向

图 6-18 双排扣件式钢管外脚手架的整体失稳

思考

1. 什么是压杆失稳?为什么要验算压杆的稳定性?
2. 什么是压杆的柔度?它与哪些因素有关?为了提高压杆的稳定性,对同一材料制成的压杆,λ 是越大越好,还是越小越好?
3. 欧拉公式的适用条件是什么?
4. 如果在不同平面内失稳,且支承约束条件不同时,应如何验算压杆的稳定性?
5. 如果要提高压杆的稳定性,可采取哪些措施?

活动

用同样大小的硬纸制作长度相同的 T 形、工字形、十字形柱子模型,分别在其上均匀堆积重物,观察哪个先发生破坏。体会不同截面形状对柱子承载能力的影响。

单元 7
工程中常见结构简介

前面几个单元中，我们学习了外力作用下单个构件的内力与变形的分析与计算，现实中的建筑都是由若干个构件通过一定的连接方式组合而成的。那么单个构件之间如何连接才能组合成结实可靠的房屋呢？常用的结构形式有哪些呢？本单元中，我们将逐一解释这些问题。

本单元中，我们将通过学习解决以下问题：
> 如何进行平面结构的几何组成分析？
> 什么是静定结构？什么是超静定结构？
> 工程中常见的结构类型有哪些？它们分别属于静定结构还是超静定结构？

【建筑结构】
建筑中由若干构件连接而成的能承受"作用"的平面或空间承重骨架体系叫做建筑结构。结构的坚固程度直接影响着建筑物的安全和耐久性。

7.1 平面结构的几何组成分析

了解几何不变、几何可变体系的概念；了解铰接三角形规则，能运用该规则对简单的工程实例进行几何组成分析；了解静定、超静定结构的概念。

7.1.1 几何不变、几何可变体系的概念

什么是体系？

体系就是由若干个杆件相互联结而组成的构造，如图 7-1 所示。

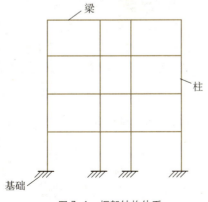

图 7-1　框架结构体系

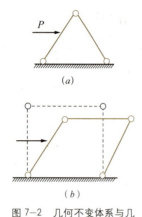

图7-2 几何不变体系与几何可变体系
（a）几何不变体系；（b）几何可变体系

杆系通过不同的连接方式可以组成两类体系：

一类是**几何不变体系**，即在任意荷载作用下，若不计杆件的变形，其几何形状与位置均保持不变（图7-2a）；

另一类是**几何可变体系**，即缺少必要的杆件或杆件布置的不合理，在任意荷载作用下，它的形状和位置是可以改变的（图7-2b）。

建筑结构就是由若干个杆件通过一定的连接方式组成的体系。结构是用来承受荷载的体系，如果它在承受很小的荷载时结构就倒塌了或发生了很大的变形，就会造成工程事故。因此结构必须是几何不变体系，而不能是几何可变体系（图7-3）。

图7-3 工程结构必须是几何不变体系

我们在对结构进行计算时，首先必须对结构体系的几何组成进行分析，考察体系的几何不变性，这种分析称为**几何组成分析**或**几何构造分析**。

对体系进行几何组成分析的目的，一是检查给定体系是否为几何不变体系，以决定其是否可以作为结构，或设法保证结构是几何不变的体系；二是在结构计算时，还可根据体系的几何组成规律，确定结构是静定的还是超静定的结构，以便选择相应的计算方法。

【工程实例——螺栓松动致塔吊倾翻】

事故原因为负责拆除塔吊的某建筑安装工程有限公司违反操作规程和拆除塔吊程序，将塔身与上部结构连接的螺栓松动，使结构由几何不变体变成了几何可变体系，导致塔吊上部结构倾翻，

图 7-4 螺栓松动导致塔吊倾翻

图为 2003 年 1 月 12 日下午 2 点左右，某个建筑工地 30m 高的塔吊突然倒下，砸在马路行车道上，有关人员正在现场处理事故。

该塔吊报废，直接经济损失约 25 万元以上，构成重大事故。我们一定要知道，结构一旦破坏会造成重大的安全事故，工作中一定要安全第一。

7.1.2 应用铰接三角形规则进行几何组成分析

我们先引入刚片和铰的概念。

刚片：刚片是指可以看作刚体的物体，即几何形状和尺寸是不变的。在平面体系中，当不考虑材料的变形时，就可以把一根梁（图 7-5a）、一根链杆或者在体系中已经肯定为几何不变的某个部分都看作是一个刚片（图 7-5b）。同样支撑结构的地基也可看作一个刚片（图 7-5c）。

铰：连接两个刚片的铰称为单铰，如图 7-6（a）、（b）所示。我们把固定铰支座看成单铰（如图 7-6c）。

铰接三角形规则：三个刚片用不共线的三个单铰两两相联，组成的体系为几何不变，并且无多余约束。

铰接三角形规则通常又被称为铰接三角形几何不变规则，如图 7-7 所示。

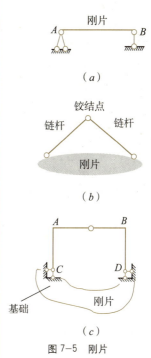

图 7-5 刚片

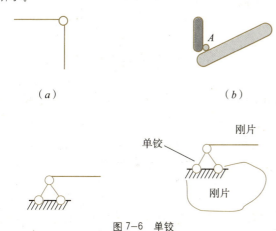

图 7-6 单铰

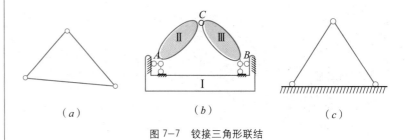

(a)　　　　　　　　(b)　　　　　　　　(c)

图 7-7　铰接三角形联结

图 7-8 所示的连接方式都可以看做是铰接三角形连接方式。

想一想：

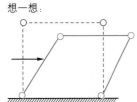

（图 7-2b）是几何可变体系，你如何加一杆件使它变成几何不变体系。

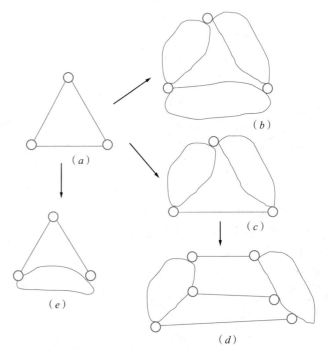

图 7-8　铰接三角形连接方式举例

工程中的结构体系有很多的连接方式都可以看成是铰接三角形连接方式。如图 7-9 所示简支梁，其中梁、基础和可动铰支座链杆看成三个刚片，由不在同一条直线的三个铰两两相连，满足**铰接三角形规则**，所以组成的体系是几何不变体系，且无多余约束，可作为结构。

【**例 7-1**】　试对图 7-10 所示的体系进行几何组成分析。

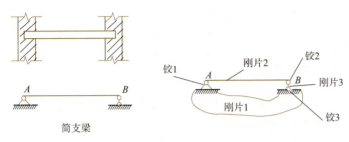

图 7-9 简支梁的几何组成

【解】

桁架 ABCD 是由两个铰接三角形组成，因此是几何不变的，桁架 ABCD 可以看成一个刚片。刚片和大地是简支相连和图7-9简支梁连接方式相似（证明略），是几何不变体系。

7.1.3 静定、超静定结构的概念

1. 静定结构

在土木工程中，静定结构得到广泛的应用。静定结构是指在任意荷载作用下，其支座反力和各杆的内力均可由静力平衡方程求得的结构。从几何组成看，是无多余约束的几何不变体系。如图7-11、图7-12所示体系都是静定结构。

2. 超静定结构

如果结构的未知力数目多于对应的平衡方程数，支座反力或内力只用静力平衡方程是不能求出的，则称这类结构为超静定结构。从几何组成看，超静定结构是具有多余联系的几何不变体系。如图7-13（b）所示。

图7-13（a）所示简支梁是几何不变体系，且无多余约束。如果在简支梁 C 点加一活动铰支座（图7-13b），即增加一个多余约束，体系变为超静定结构。

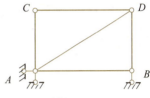

图 7-10 例题 7-1 图

图 7-11 三铰拱

图 7-12 三铰单跨门式刚架

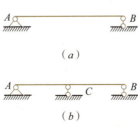

图 7-13 超静定梁与超静定梁

7.2 工程中常见静定结构简介

学习目标

认识静定多跨梁、刚架、三铰拱、桁架的内力分布情况,了解相应的受力特征。

7.2.1 静定多跨梁、刚架、三铰拱、桁架的内力分布规律

1. 静定多跨梁

多跨静定梁是由若干根梁用铰相连,并用若干个支座与基础相连而组成的静定结构,如图 7-14 所示。除了在桥梁工程中常用这种结构形式外,在房屋建筑中有时也采用这种联结形式。

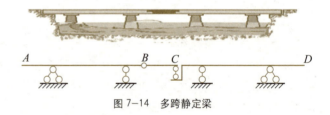

图 7-14 多跨静定梁

(1) 多跨静定梁组成分析

多跨静定梁的各部分可以分为**基本部分**(或称为**主梁**,如图 7-15 中 **AB** 和 **CD** 部分)和**附属部分**(或称为**次梁**,如图中 **BC** 部分)。

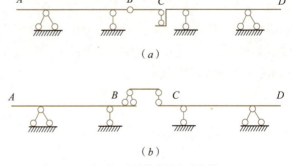

图 7-15 多跨静定梁组成分析

什么是基本部分(主梁)呢?凡是在荷载作用下,能独立地保持平衡的部分称为基本部分(主梁);而在荷载作用下,必

须依靠基本部分才能保持几何不变的部分称为附属部分（次梁）。如图7-15中AB和CD部分直接由支座固定于基础是几何不变体系，它们是基本部分，称为主梁；而BC部分必须依靠AB和CD部分才能保持几何不变，所以为附属部分，称为次梁。为了表明它们之间的支撑关系，可以用图7-15（b）表示，这种图称为层次图。通过层次图就可以把复杂的多跨静定梁分成简单的单跨梁，如AB和CD部分为单跨外伸梁，BC部分为简支梁。层次图明确了受力和传力途径。

（2）多跨静定梁传力分析

在竖向荷载作用下，基本部分能独立承受荷载作用而维持平衡。当荷载作用于基本部分时，只有基本部分受力而附属部分不受力，即基本部分不传力给附属部分，当荷载作用于附属部分时，由于附属部分支撑在基本部分之上，其荷载效应将通过铰接处传个基本部分，则不仅附属部分受力，基本部分也受力。计算多跨静定梁时，应先从附属部分开始。

图7-16（a）是多跨静定梁，附属部分CD受到荷载作用，基本部分AC支撑附属部分，并且会受到附属部分CD在C点传来的外力作用。由此可见，附属部分要把力传给基本部分。

图7-16（b）是多跨静定梁，基本部分AC受到荷载作用，不传力给附属部分CD，所以CD梁无荷载。由此可见，基本部分不传力给附属部分，所以CD无内力。

因此，计算多跨静定梁时应先从附属部分开始。

多跨静定梁内力计算步骤：

1）首先应分清多跨静定梁各部分之间的支撑部分，便可以将多跨静定梁拆成各种各样的单跨梁。

2）画出多跨静定梁的层次图，确定基本部分和附属部分。

3）先计算附属部分的支座反力，然后计算基本部分的支座反力。

4）计算各单跨静定梁的内力，将各单跨梁的内力图联在一起便是多跨静定梁的内力图。

（3）多跨静定梁的内力分布

图7-17（a）所示为简支梁，图7-17（b）所示为多跨静定梁。两梁的跨度和荷载相同，只是中间铰的位置不同。

由图7-17可见，（b）梁弯矩分布比（a）梁均匀，由此可知，中间铰的位置直接影响到梁的内力分布。按计算合理确定伸臂长

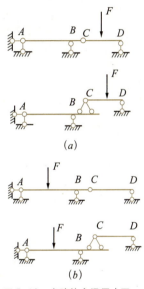

图7-16 多跨静定梁层次图

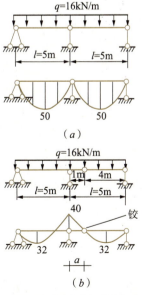

图7-17 多跨静定梁的内力分布

度 a 可使弯矩均匀分布，跨中最大弯矩与支座处最大弯矩相同，结构受力合理，达到节省材料和提高承载力的作用。

2. 静定平面刚架

刚架是由梁柱组成的含有刚节点的杆件结构，如图 7-18 所示，其中图 7-18（b）为计算简图。

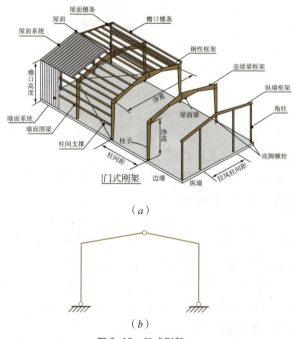

图 7-18　门式刚架

当刚架的轴线和外力都在同一平面时，称为平面刚架。由静力平衡条件即可确定全部未知力的平面刚架称为静定平面刚架（无多余约束的几何不变体系）。

图 7-19 所示为刚架结构在工程中的应用实例——现浇钢筋混凝土框架结构。

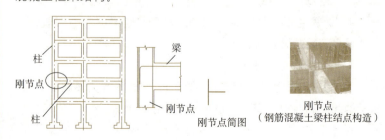

图 7-19　钢筋混凝土框架结构

静定平面刚架常见的类型有悬臂刚架、简支刚架、三铰刚架和组合刚架，如图 7-20 所示。

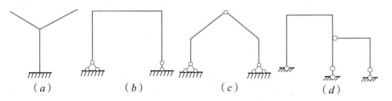

图 7-20　刚架的常见类型

具有刚节点，这是刚架组成的重要特征。 刚节点的特性是在荷载作用下，刚节点处夹角不可改变，且能承受和传递内力，如图 7-21（a）所示。而如图 7-21（b）所示，铰节点不能承受和传递弯矩。比较图 7-21（a）、（b），刚架由于有刚节点，能够承受和传递弯矩，梁和柱都承受弯矩，使得弯矩分布均匀；而同比图 7-21（b）中梁承受弯矩较大且不均匀。

由于刚架具有刚节点，杆数少，内部空间大，便于利用，且多数是由直杆组成，制作方便，因此得到广泛的应用。在建筑工程中，常用刚架作为主要承重骨架，通过它将荷载传到基础和地基上去。

如图 7-22 所示为静定刚架的内力图。通过内力图我们可以直观的了解刚架的内力分布特点。

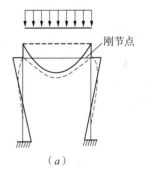

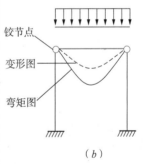

图 7-21　刚节点的特性

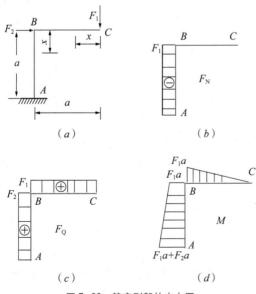

图 7-22　静定刚架的内力图

3. 三铰拱

杆轴为曲线，而且在竖向荷载作用下支座将产生水平反（推）力的结构叫做拱，如图 7-23 所示。常见的拱的类型如图 7-24 所示。

三铰拱桥

图 7-23 拱结构
l— 跨度；f— 拱高

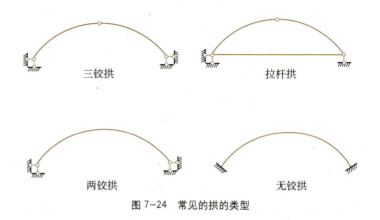

图 7-24 常见的拱的类型

拱结构与梁结构的区别，不仅在于外形不同，更重要的还在于在竖向荷载作用下是否产生水平推力。例如图 7-25 所示的两个结构，虽然它们的杆轴都是曲线，但图 7-25（a）所示结构在竖向荷载作用下不产生水平推力，即 $F_x=0$，其弯矩与相应简支梁（同跨度，同荷载的梁）的弯矩相同，所以这种结构不是拱结构而是一根曲梁。但图 7-25（b）所示结构，由于其两端都有水平支座链杆，在竖向荷载作用下将产生水平推力 F_{Ax} 和 F_{Bx}，所以属于拱结构。

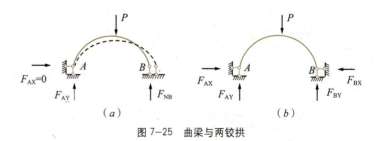

图 7-25 曲梁与两铰拱

下面，我们通过三角拱与简支梁的内力比较，进一步了解三铰拱的受力特征和优缺点。

已知拱和简支梁具有相同的跨度，受到相同的荷载作用，如图 7-26 所示。

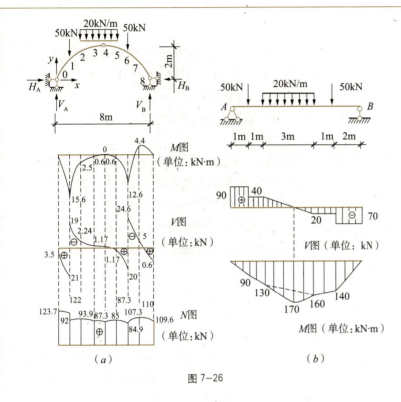

图 7-26

下面我们分析它的内力分布情况。

拱的内力：弯矩、剪力、轴力。

其中弯矩最大值 M_{max}=15.6kN·m；剪力最大值 V_{max}=24kN；轴力最大值 N_{max}=123.7kN。

简支梁的内力：弯矩、剪力、轴力。

其中弯矩最大值 M_{max}=170kN·m；剪力最大值 V_{max}=90kN；无轴力。

通过内力分析得知：由于水平推力的存在，拱中各截面的弯矩将比相应的曲梁或简支梁的弯矩要小得多，这就会使整个拱体主要承受压力。

拱结构的主要优缺点总结如下：

（1）拱结构中，由于水平推力的存在，其各截面的弯矩要比相应简支梁或曲梁小得多，因此它的截面就可做得小些，可以节省材料、减少自重、提高承载力作用。

（2）拱结构中主要内力是轴压力，因此可以用抗拉性能比较差而抗压性能比较好的材料来制作，如石材、铸铁、砖和混凝土

赵州桥

【小资料——赵州桥】

赵州桥建于隋朝开皇末年，至今已有1400余年的历史，是隋代杰出工匠李春和众多石匠共同建造的，也是世界历史上第一座单孔敞肩式石拱桥。桥全长64.40m，宽9.6m，这种敞肩的设计既能减少水流阻力，又能减轻桥身自重，桥型空灵美观，构思巧妙，堪称千古独步。桥两边的栏板、望柱，无一不是隋代雕刻精品。1991年10月，赵州桥被美国土木工程学会选定为第12个国际历史土木工程里程碑。

等材料。

（3）由于拱结构会对下部支撑结构产生水平的推力，因此它需要更坚固的基础或下部结构。同时它的外形比较复杂，导致施工比较困难，模板费用也比较大。

拱结构主要应用于屋架结构、桥梁结构之中，赵州桥是我国古代拱结构的杰作。

为了充分发挥材料抗压强度高、抗拉强度低的性能，我们可以调整拱的轴线，使拱在任何确定的荷载作用下各截面的弯矩为零，这时拱的截面上只有通过截面形心的压力作用，其压应力沿截面均匀分布，此时的材料使用最为经济，这种在固定荷载作用下，使拱处于无弯矩状态的相应拱轴线称为该荷载作用下的合理拱轴。

4. 桁架

（1）桁架的概念

桁架结构由若干直杆铰接而成的杆系结构（如图7-27）。它是一种常见的结构形式，在土木工程中应用广泛，尤其在大跨度结构中，如屋架、桥梁、井架、起重机架和高压线塔等。武汉长江大桥和南京长江大桥的主体结构也是桁架结构。

桁架桥梁
（a）

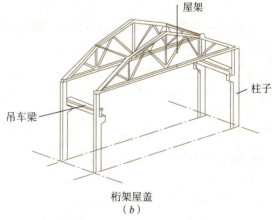

桁架屋盖
（b）

图7-27 桁架结构

桁架是由若干直杆相互在两端连接组成的几何不变结构，如果各杆件的轴线位于同一平面，则称为平面桁架结构。各杆件相互连接的部位称为节点。

桁架的杆件，依其所在位置不同，可分为弦杆和腹杆两类。弦杆是指桁架上、下外围的杆件，上面的杆件称为上弦杆，下边的杆件称为下弦杆。桁架上弦杆和下弦杆之间的杆件称为腹杆。腹杆又分为竖杆和斜杆。弦杆上相邻节点之间的区间称为节间，其距离 d 称为节间长度，如图 7-28 所示。

实际桁架的受力情况比较复杂，因此，在分析桁架受力时，必须选取既能反映这种结构的本质而又便于计算的计算简图，如图 7-29 所示。

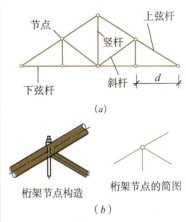

图 7-28 平面桁架

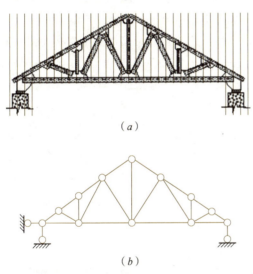

图 7-29 钢屋架的计算简图
（a）钢屋架构造形式；（b）屋架计算简图

在平面桁架的计算简图简化中，通常采用下列假定：
1）桁架的杆件为等截面直杆，用轴线表示；
2）杆件之间用光滑的铰连接，用圆圈表示节点；
3）联结处所有杆形心轴汇交于铰接中心；
4）外力与支反力均作用在节点上。

满足以上假定的桁架成为理想桁架，如图 7-30（a）所示。从理想桁架上任意取出一根杆件 CD 画出受力图，如图 7-30（b）所示，CD 杆只在两端受力，此二力平衡，满足二力平衡条件，因此，CD 杆只受轴力作用。理想桁架中杆件都是二力杆，只受轴力作用，其轴力可能是拉力也可能是压力。

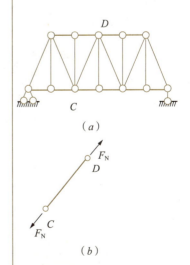

图 7-30 理想桁架

(2) 桁架的受力特点

梁和刚架承受荷载后，主要产生弯曲内力，截面上的应力分布是不均匀的，因而材料不能被充分利用。桁架是由杆件组成的，当荷载只作用在节点上时，各杆主要只有轴力，杆件截面上的应力分布均匀，可以充分发挥材料的作用。因此，桁架是大跨结构常用的一种形式。

(3) 桁架的类型

根据几何构造的特点，桁架可分为：

1) 简单桁架：它是由一个基本铰接三角形依次增加二元体组成的桁架，如图 7-31 (*a*)、(*b*)、(*c*)、(*d*) 所示。

2) 联合桁架：它是由几个简单的桁架按几何不变体系的组成规则所连成的桁架，如图 7-31 (*e*)、(*f*) 所示。

3) 复合桁架：它是不属于上述两类桁架的其他桁架。

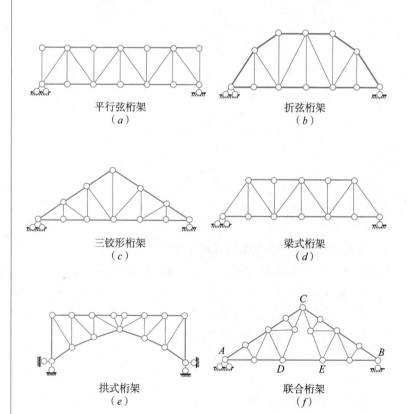

平行弦桁架
(*a*)

折弦桁架
(*b*)

三铰形桁架
(*c*)

梁式桁架
(*d*)

拱式桁架
(*e*)

联合桁架
(*f*)

图 7-31 桁架的类型

7.2.2 静定多跨梁、刚架、三铰拱、桁架的受力特征

静定结构有静定梁、静定刚架、三铰拱、静定桁架等类型。虽然这些结构形式各有不同，但它们有如下的共同特性：

1. 在几何组成方面，静定结构是没有多余联系的几何不变体系。在静力平衡方面静定结构的全部反力可以由静力平衡方程求得，其解答是唯一的确定值。

2. 由于静定结构的反力和内力是只用静力平衡条件就可以确定的，而不需要考虑结构的变形条件，所以，静定结构的反力和内力只与荷载、结构的几何形状和尺寸有关，而与构件所用的材料、截面的形状和尺寸无关，与各杆间的刚度比无关。

3. 由于静定结构没有多余联系，因此在温度改变、支座产生位移和制造误差等因素的影响下，不会产生内力和反力，但能使结构产生位移。如图 7-32（a）所示。

4. 当平衡力系作用在静定结构的某一内部几何不变部分上时，其余部分的内力和反力不受其影响。如图 7-32（b）所示受平衡力系作用的桁架，只有在粗线所示的杆件中产生内力。反力和其他杆件的内力不受影响。

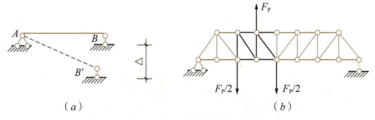

图 7-32 简支梁桁架的受力特点

5. 当静定结构的某一内部几何不变部分上的荷载作等效变换时，只有该部分的内力发生变化，其余部分的内力和反力均保持不变。所谓等效变换是指将一种荷载变为另一种等效荷载。如图 7-33（a）中所示的荷载 q 与节点 A、B 上的两个荷载 $\dfrac{ql}{2}$ 是等效的。若将图 7-33（b）代之以图 7-33（a），只有 AB 上的内力发生变化，其余各杆的内力不变。这也说明在求桁架其余杆的内力时，可以把非节点荷载等效到节点上。

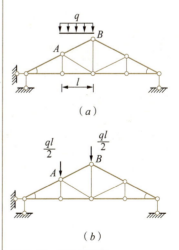

图 7-33 三角形桁架

7.3 工程中常见超静定结构简介

学习目标

认识超静定梁、刚架的内力分布情况，了解相应受力特征，能对静定结构与超静定结构进行比较。

7.3.1 超静定梁、刚架的内力分布规律

1. 超静定梁

下面用简单的单跨超静定梁图 7-34（a）和静定梁图 7-34（b）的比较，定性了解一下超静定梁的内力分布及特征。

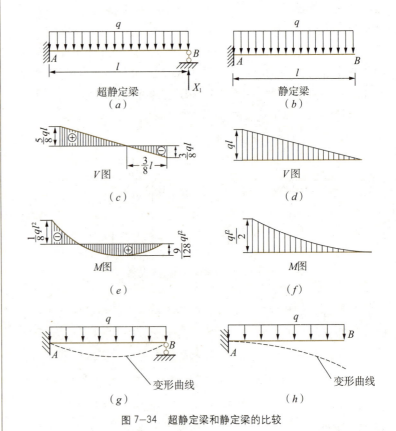

图 7-34 超静定梁和静定梁的比较

如图 7-34（a）所示超静定梁，为一次超静定，多余反力为 X_1。通过计算可以给出内力图和变形曲线。

通过超静定梁和静定梁内力比较得知，超静定梁内力和静定梁一样有弯矩和剪力，超静定结构内力分布均匀，受力合理。从图 7-34 (g) 和 (h) 的变形曲线比较，超静定结构变形小，刚度大。所以，超静定结构能节约材料，增强结构的承载能力和抵抗变形能力，但是它的施工制作较静定结构复杂。

2. 超静定刚架

如图 7-35 (a) 所示的超静定刚架，为两次超静定。经计算，绘出内力图如图 7-35 (b)、(c)、(d) 所示。

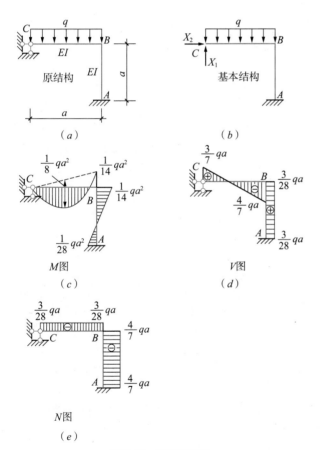

图 7-35 超静定刚架

通过简单的超静定刚架的内力图可知，超静定刚架内力有弯矩、剪力和轴力。超静定刚架内力分布均匀，受力合理，是工程中常用的结构形式。

7.3.2 超静定梁、刚架的受力特征

1. 超静定结构多余约束的影响

具有多余约束是超静定结构的基本特性。多余约束的存在使超静定结构当多余约束受到破坏时仍为几何不变体系。如图 7-36 (a) 所示两跨连续梁 AC，当中间支座变成铰后，仍为几何不变体系，如图 7-36 (b) 所示。

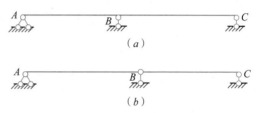

图 7-36 超静定梁的多余约束

另外，多余约束的存在使超静定结构有了更好的刚度和稳定性。如图 7-37 (a) 所示，超静定梁 AB 在集中荷载作用下最大挠度 $f = \dfrac{Fl^3}{192EI}$，而等跨的简支梁在同样荷载作用下的最大挠度 $f = \dfrac{Fl^3}{48EI}$，是前者的 4 倍。

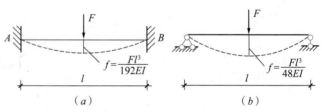

图 7-37 超静定单跨梁与简支梁的挠度比较

另有如图 7-38 (a) 所示 AB 轴心受压柱，一端固定一端铰接，一次超静定，其临界力 $F_{cr} = \pi^2 EI/(0.7l)^2$，而一端固定，一端自由如图 7-38 (b) 所示的 AB 轴心受压柱，是静定结构，其临界力 $F_{cr} = \pi^2 EI/(2l)^2$。

2. 超静定结构的内力和反力与各部分刚度的相对比值有关

超静定结构的支座反力和内力，仅由静力平衡条件不能完全确定，还需要位移条件。所以，超静定结构的支反力和内力与各

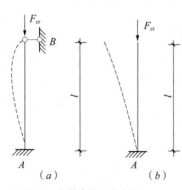

图 7-38 超静定柱与静定柱

杆刚度的相对比值有关。

3. 支座位移和温度变化对超静定结构的支座反力和内力有影响

在超静定结构中由于受到多余约束的限制，支座移动和温度变化都会引起内力。如图7-39所示的单跨超静定梁，支座产生一个竖向位移 Δ 时，梁将产生弯曲变形，从而引起内力。

图 7-39 单跨超静定梁

7.3.3 静定结构与超静定结构的比较

通过前面的学习，我们将静定结构和超静定结构进行比较，结果归纳于表 7-1。

静定结构与超静定结构比较		表 7-1
	静定结构	超静定结构
几何特性	无多余约束的几何不变体系	有多余约束的几何不变体系
静力特性	满足平衡条件，内力解答是唯一的，即仅由平衡条件就可以求出全部内力和反力	超静定结构仅由平衡条件求不出全部内力和反力，还必须考虑变形条件。
非荷载外因的影响	不产生内力：支座移动和温度改变不影响静定结构的约束反力和内力。	产生内力：支座移动和温度改变对超静定结构的支座反力和内力是有影响的。为了减小不利影响，工程结构可以采用设置温度缝、沉降缝等构造措施来避免
内力与刚度的关系	无关	荷载引起的内力与各杆刚度的比值有关

想一想：

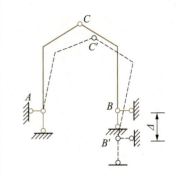

此结构在 B 支座发生位移，无荷载作用，请问结构内力是否发生变化？

1. 什么是静定结构？什么是超静定结构？二者有什么区别？
2. 超静定结构有什么特性？
3. 刚节点和铰节点有什么区别？
4. 可变体系可以作为房屋结构吗？为什么？
5. 为什么要对平面体系进行几何组成分析？

1. 试对图 7-40 所示体系作几何组成分析。

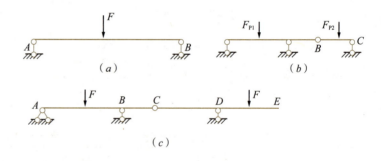

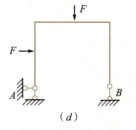

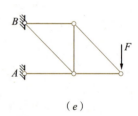

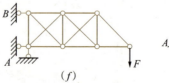

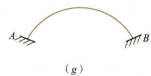

图 7-40　练习题 1 图

活动

  在你所在的城市找一座混凝土结构的单层工业厂房,试着绘制它的受力简图,分析它是静定结构还是超静定结构,如果是超静定结构,你能分析出它几次超静定吗?

主要参考文献

[1] 郭仁俊.建筑力学.北京：中国建筑工业出版社，1999.

[2] 范继昭.建筑力学.北京：高等教育出版社，2003.

[3] 张曦.建筑力学.北京：中国建筑工业出版社，2000.

[4] 于英.工程力学.北京：中国建筑工业出版社，2005.

[5] 沈伦序.建筑力学.北京：高等教育出版社，1998.

[6] 宋小壮.工程力学.北京：机械工业出版社，2006.

[7] 周美茹.建筑力学.北京：中国建材工业出版社，2007.

[8] 孙训方，方孝淑，关来泰.材料力学.北京：高等教育出版社，2009.

[9] 李书海，关荣策，沈伦序.建筑力学简明教程.北京：高等教育出版社，1989.

[10] 李永富.建筑力学.北京：中国建筑工业出版社，2006.